BestMasters

Mit **„BestMasters“** zeichnet Springer die besten Masterarbeiten aus, die an renommierten Hochschulen in Deutschland, Österreich und der Schweiz entstanden sind. Die mit Höchstnote ausgezeichneten Arbeiten wurden durch Gutachter zur Veröffentlichung empfohlen und behandeln aktuelle Themen aus unterschiedlichen Fachgebieten der Naturwissenschaften, Psychologie, Technik und Wirtschaftswissenschaften. Die Reihe wendet sich an Praktiker und Wissenschaftler gleichermaßen und soll insbesondere auch Nachwuchswissenschaftlern Orientierung geben.

Springer awards **“BestMasters”** to the best master’s theses which have been completed at renowned Universities in Germany, Austria, and Switzerland. The studies received highest marks and were recommended for publication by supervisors. They address current issues from various fields of research in natural sciences, psychology, technology, and economics. The series addresses practitioners as well as scientists and, in particular, offers guidance for early stage researchers.

Jenny Knöppel

Dyskalkulie als Phänomen in der Grundschule aus mathematikdidaktischer Perspektive

Eine Fallstudie zu Diagnose und Intervention

Jenny Knöppel
Siegen, Deutschland

ISSN 2625-3577 ISSN 2625-3615 (electronic)
BestMasters
ISBN 978-3-658-39005-1 ISBN 978-3-658-39006-8 (eBook)
https://doi.org/10.1007/978-3-658-39006-8

Die Deutsche Nationalbibliothek verzeichnet diese Publikation in der Deutschen Nationalbibliografie; detaillierte bibliografische Daten sind im Internet über http://dnb.d-nb.de abrufbar.

Planung/Lektorat: Marija Kojic
Springer Spektrum ist ein Imprint der eingetragenen Gesellschaft Springer Fachmedien Wiesbaden GmbH und ist ein Teil von Springer Nature.
Die Anschrift der Gesellschaft ist: Abraham-Lincoln-Str. 46, 65189 Wiesbaden, Germany

Geleitwort

Das vorliegende Buch, welches als Masterarbeit im Bereich der Mathematikdidaktik vorgelegt wurde, berichtet von einer intensiven Beschäftigung mit zentralen Aspekten einer auf Grundlage psychologischer Tests „diagnostizierten“ Dyskalkulie.

Frau Knöppel beschreibt dazu im Rahmen einer Einzelfallstudie, wie sich die Schülerin „Emma“ vor dem Hintergrund dieser Diagnose über mehrere Monate verhält und entwickelt. Zentraler Gegenstand der Arbeit sind detaillierte Beschreibungen einer begleiteten Diagnose- und Förderungseinheit mithilfe des Fallstudienansatzes nach Yin (2003) und Stake (1995), interpretiert und analysiert anhand der mathematikdidaktischen Konzepte der Grundvorstellungen nach vom Hofe (1992) und der Subjektiven Erfahrungsbereiche nach Bauersfeld (1983).

Es zeigt sich beim Lesen der Arbeit schnell, dass es als Glücksfall zu bezeichnen ist, dass Frau Knöppel mit Emma zusammenarbeiten durfte. Geprägt von einer einfühlsamen und vertrauensvollen Zusammenarbeit, entwickeln sich sehr intensive Dialoge über mathematische Lerngegenstände der Grundschulmathematik, die viele interessante Aspekte zu Tage fördern.

Insbesondere der Schülerin, aber auch den Eltern sowie der Klassenlehrerin gebührt an dieser Stelle ein großer Dank für Ihre Teilnahme an der Studie!

Die Arbeit ist im Weiteren gekennzeichnet von einer sorgfältigen Aufbereitung der Forschungsdaten, einer daran anschließenden kategoriengeleiteten Analyse sowie einer stringenten argumentativen Einbettung mit Bezug zu den zuvor formulierten Forschungsfragen.

Herauszuheben ist dabei erneut die sensible, dem Kind zugewandte Interviewtechnik; so kann Frau Knöppel in Ihrer Arbeit von Aspekten berichten, die dem Umfeld bisher verborgen blieben – z. B., dass das Kind, entgegen anderslautenden Einschätzungen, Mathematik auch in ihrer Lebenswelt referenziert.

Wichtig ist in diesem Zusammenhang, dass Frau Knöppel zudem darauf verweist, dass man sich durch gute Ergebnisse in Klassenarbeiten (beispielsweise auf Grundlage eingeübter schriftlicher Rechenverfahren) nicht „blenden" lassen sollte – eine grundständige Förderung bedarf des weiteren Aufbaus tragfähiger Grundvorstellungen, um nachhaltig (auch) in die Sekundarstufe wirken zu können.

Es zeigt sich, und das stellt die Autorin zu Recht am Ende Ihrer Arbeit heraus, dass schon eine zweimonatige Intervention tatsächlich Wirkung zeigt. Es lohnt sich also, auf Grundlage einer detaillierten Diagnose, einen individualisierten Förderplan zu realisieren, wobei die Ergebnisse des Posttests die Diagnose einer „Dyskalkulie" tatsächlich in Frage stellen. Vielmehr lässt sich an vielen Stellen erkennen, dass das mathematische Leistungsniveau Emmas – wenn Aufmerksamkeit vorhanden ist – auf einem entwicklungsgemäßen Niveau liegt.

Letztendlich zeigt die Arbeit, dass im Forschungsbereich der Diagnose von Dyskalkulie und Auswahl geeigneter Förderinstrumente noch viel Entwicklungspotential liegt. Entwicklungspotential, welches nur in multiperspektivischen Settings – unter Einbeziehung mathematikdidaktischer Perspektiven – umfassend erschlossen werden kann.

Ingo Witzke

Inhaltsverzeichnis

Abbildungsverzeichnis

Tabellenverzeichnis

Einleitung

1

Anna hat eine Dyskalkulie.

Tom braucht zum Rechnen auch in der dritten Klasse noch seine Finger.

Lisa vertauscht die Einer und Zehner der Zahlen, auch beim Rechnen.

(in Anlehnung an Wartha, Hörhold, Kaltenbach, & Schu, 2019, S. 3)

Obgleich sich die Begriffe der Dyskalkulie, Rechenstörung oder Rechenschwäche verstärkt in der psychologischen und mathematikdidaktischen Literatur wiederfinden und sich verschiedene Disziplinen diesem Thema widmen, scheint es dennoch Unsicherheiten im Umgang mit der Diagnose einer Dyskalkulie zu geben. Kommt es zu einer solchen Diagnose z. B. im Rahmen einer psychiatrischen Behandlung, eröffnen sich eine Vielzahl von Fragen, die sich Eltern in so einer Situation stellen können:

Was ist unter einer Dyskalkulie zu verstehen? Welche Schwierigkeiten hat mein Kind? Kann ich meinem Kind helfen? Wie kann ich es fördern und welche Perspektiven hat es im Hinblick auf den Mathematikunterricht und darüber hinaus?

Dabei wird hier nur eine Reihe von Fragen exemplarisch aufgeführt. Diese Arbeit verfolgt das Ziel, einigen dieser Fragen aus einer mathematikdidaktischen Perspektive nachzugehen. Dazu wird eine Grundschülerin mit einer attestierten Dyskalkulie im Rahmen einer angelegten Einzelfallstudie über einen Zeitraum

J. Knöppel, *Dyskalkulie als Phänomen in der Grundschule aus mathematikdidaktischer Perspektive*, BestMasters,
https://doi.org/10.1007/978-3-658-39006-8_1

von drei Monaten begleitet. In einem Diagnoseverfahren und einer anschließenden Intervention liegt der Fokus darauf, die Kompetenzen sowie Schwierigkeiten und Hürden im Lernprozess dieser Schülerin zu beschreiben.

Dazu wird im zweiten Kapitel der theoretische Hintergrund vorgestellt, welcher als Grundlage für die Beschreibung des Falls dient.

Zunächst werden die Begriffe der Dyskalkulie, Rechenstörung und Rechenschwäche näher beleuchtet. Dabei werden unter anderem die Kriterien zur Diagnostik einer Rechenstörung im Sinne der Weltgesundheitsorganisation beschrieben, sowie damit verbundene Kritikpunkte aufgegriffen. Daran anschließend werden das Konzept der Grundvorstellungen und die Theorie der subjektiven Erfahrungsbereiche vorgestellt, welche eine Beschreibung der genannten Aspekte aus einer mathematikdidaktischen Perspektive ermöglichen.

Im dritten Kapitel werden Diagnoseverfahren sowie das Vorgehen bei der Konzeption einer Intervention bzw. Förderung beschrieben und näher erläutert. Dabei werden insbesondere die Tests bzw. Verfahren in den Blick genommen, die in dieser Arbeit verwendet werden.

In dem darauffolgenden Kapitel liegt der Fokus auf der durchgeführten Einzelfallstudie. Dabei werden zunächst die Methoden der Datenerhebung und -auswertung vorgestellt. Nach der Beschreibung des Forschungssettings wird ausgewähltes Datenmaterial analysiert, welches für die Studie sowie die Forschungsfragen interessant erscheint. Anschließend werden mögliche Hürden und Strategien der Schülerin zusammenfassend dargestellt, reflektiert und zur Beantwortung der Forschungsfragen herangezogen.

Im abschließenden Fazit wird ein Ausblick auf weitere Forschungsanliegen gegeben.

1.1 Motivation

Ziel dieser Arbeit ist es, im Rahmen einer angelegten Einzelfallstudie verschiedene Perspektiven und Erfahrungen zur Dyskalkulie zu betrachten. Der Case-Study-Ansatz nach Yin (2003) und Stake (1995), welcher der methodischen Vorgehensweise dieser Arbeit zugrunde liegt (Abschn. 4.1), ermöglicht dabei einen Einblick in verschiedene Perspektiven und der „Identifikation der Schlüsselszenen“ (Pielsticker, 2020, S. 81), welche die Deskription von Schwierigkeiten und Lernprozessen einer Grundschülerin mit attestierter Dyskalkulie ermöglichen. Aus einer normativen Perspektive dient die Theorie der Grundvorstellungen nach vom Hofe (1992) der Beschreibung zu erwerbender Grundvorstellungen, während die Theorie der Subjektiven Erfahrungsbereiche (im Folgenden kurz:

SEB) nach Bauersfeld (1983) den Rahmen einer deskriptiven Perspektive für die Beschreibung von Lernprozessen und Schülertheorien eröffnet.

In Ergänzung zu den Interviews und Gesprächen mit der Schülerin werden auch Interviews mit den Eltern und der betreuenden Lehrkraft geführt, um einen Einblick in ihre Perspektiven zu gewinnen. Die Analyse der Daten erfolgt über eine „[qualitative] Auswertung“ (Prediger et al., 2012, S. 6), mit „ihrer eher offenen, eher deskriptiven, eher interpretativen Methodik“ (Mayring, 2015, S. 23). Die methodische Vorgehensweise dieser Arbeit beruht auf den Analyseinstrumenten der qualitativen Inhaltsanalyse nach Mayring (2015), welche in Abschnitt 4.1 in Bezug auf die Fallstudie näher erläutert wird. Dabei orientiert sich die Methodik an den Forschungsfragen, denen in dieser Arbeit nachgegangen wird (Abschn. 1.2). Hierbei bleibt zu betonen, dass es nicht darum geht, repräsentative Antworten auf die entsprechenden Forschungsfragen zu erlangen, sondern vielmehr um eine detaillierte Beschreibung eines einzelnen Fallbeispiels, um daraus weitere Forschungsfragen und -anliegen zu generieren (Stake, 1995, S. 3 f.; Yin, 2003, S. 153).

1.2 Forschungsfragen

Im Folgenden werden drei Forschungsfragen vorgestellt, welche die Entwicklung, den Aufbau sowie das methodische Vorgehen dieser Arbeit strukturieren und prägen.

1) Wie lässt sich das Bild von Mathematik bei einer Grundschülerin mit attestierter Dyskalkulie beschreiben? Wie lassen sich ihre Vorstellungen kategorisieren?
2) Welche Hürden und Schwierigkeiten lassen sich im Rahmen eines Diagnosetests und diagnostischer Gespräche bei der Schülerin im Inhaltsbereich der Arithmetik feststellen? Welche Theorien hat sie im Sinne der SEB gebildet bzw. welchen Strategien geht sie nach?
3) Welche Lernfortschritte lassen sich in ausgewählten Fördereinheiten in Bezug zu der Theorie der SEB und dem Konzept der Grundvorstellungen beschreiben?

Da sich das methodische Vorgehen dieser Arbeit unter anderem an dem Case-Study-Ansatz nach Yin (2003) und Stake (1995) orientiert (Abschn. 4.1), ist zu beachten, dass die aufgeführten Fragen im Laufe der Untersuchung überarbeitet und an die Fallstudie mit der Schülerin angepasst wurden (Stake, 1995, S. 9; Yin,

2003, S. 60 f.). Zunächst wird der Frage nach den Vorstellungen von Mathematik bzw. dem Mathematikbild der Schülerin nachgegangen. Des Weiteren soll im Rahmen eines Diagnoseverfahrens festgestellt werden, wie sich die Schwierigkeiten und Hürden im Lernprozess der Schülerin beschreiben und kategorisieren lassen. Dabei geht es nicht darum, eine Dyskalkulie, Rechenstörung oder Rechenschwäche zu diagnostizieren (Abschn. 2.1). Im Sinne der dritten Forschungsfrage nach den Lernfortschritten der Schülerin geht es vielmehr darum, anhand ausgewählter Beispiele aus den Interventionseinheiten (Abschn. 4.5), ihren Lernprozess zu beschreiben und festzustellen, welche Theorien sie entwickelt bzw. welchen Strategien sie nachgeht und inwiefern sie dabei unterstützt und gefördert werden kann.

Teil I
Theoretischer Hintergrund

2 Dyskalkulie bei Grundschülerinnen und Grundschülern

2.1 Begriffsdefinition

Um Schwächen und Schwierigkeiten im Fach Mathematik zu beschreiben, wird sich einer Vielzahl an Begriffen bedient (Lorenz & Radatz, 1993, S. 17). Neben dem Begriff der *Dyskalkulie* werden in diesem Zusammenhang auch weitere Begriffe, wie z. B. die der *Rechenstörung* und *Rechenschwäche* verwendet. In einigen mathematikdidaktischen Werken wird auch von *Lernschwächen* bzw. lernschwachen Kindern gesprochen (z. B. Scherer, 1996; Scherer & Moser Opitz, 2010). Obwohl es bisher keine allgemein anerkannte Definition der Begriffe gibt (Gaidoschik, 2020, S. 9; Kuhn, Raddatz, Holling, & Dobel, 2013, S. 229; Schipper, 2009, S. 330), wird häufig auf die Kriterien internationaler Klassifikationssysteme, wie der ICD-10, verwiesen. Hier wird der Begriff der Rechenstörung verwendet, welcher wie folgt definiert ist:

> Diese Störung besteht in einer umschriebenen Beeinträchtigung von Rechenfertigkeiten, die nicht allein durch eine allgemeine Intelligenzminderung oder eine unangemessene Beschulung erklärbar ist. Das Defizit betrifft vor allem die Beherrschung grundlegender Rechenfertigkeiten, wie Addition, Subtraktion, Multiplikation und Division, weniger die abstrakteren mathematischen Fertigkeiten, die für Algebra, Trigonometrie, Geometrie oder Differential- und Integralrechnung benötigt werden. (Dilling & Freyberger, 2016, S. 290)

Ergänzende Information Die elektronische Version dieses Kapitels enthält Zusatzmaterial, auf das über folgenden Link zugegriffen werden kann https://doi.org/10.1007/978-3-658-39006-8_2.

J. Knöppel, *Dyskalkulie als Phänomen in der Grundschule aus mathematikdidaktischer Perspektive*, BestMasters,
https://doi.org/10.1007/978-3-658-39006-8_2

Im Zusammenhang mit dieser Definition bildet somit die „Arithmetik, im Spezifischen die Minderleistung im Bereich der Grundrechenarten, [...] den definitorischen Kern des klinischen Konzepts ‚Rechenstörung' bzw. ‚Dyskalkulie'" (Kuhn, Schwenk, Souvignier, & Holling, 2019, S. 100). Im Hinblick auf diese Definition handelt es sich bei einer Rechenstörung um eine sogenannte Teilleistungsstörung, die als eine Klasse „von umschriebenen Störungen der schulischen Fertigkeiten" (von Aster, 2013, S. 15) angesehen wird und in diesem Fall z. B. nicht auf eine Intelligenzminderung zurückzuführen ist. „Wie bei vielen Teilleistungsstörungen kommt es auch bei der Dyskalkulie vermehrt zu einem gleichzeitigen Auftreten einer Aufmerksamkeitsstörung" (Jacobs & Petermann, 2005, S. 42) oder beispielsweise einer *Lese-Rechtschreibstörung*[1].

2.1.1 Dyskalkulie, Rechenstörung oder Rechenschwäche?

Die Begriffe der Dyskalkulie, Rechenstörung oder Rechenschwäche werden zum Teil synonym verwendet, zum Teil werden ihnen unterschiedliche Bedeutungen oder ein unterschiedlicher Grad der Ausprägung „besonderer Schwierigkeiten beim Mathematiklernen" (Schipper, 2009, S. 332) zugeschrieben (Kuhn, Raddatz, Holling, & Dobel, 2013, S. 229; Schneider, Küspert, & Krajewski, 2016, S. 186).

Schipper (2009) verweist auf die Verwendung bestimmter Begriffe in verschiedenen Disziplinen, welche mit unterschiedlichen Forschungsinteressen einhergehen. Dabei findet der Begriff der Dyskalkulie im „medizinischen und neuropsychologischen" (S. 329) Bereich seine Verwendung. Während das Forschungsinteresse der Psychologie insbesondere darin liegt, „[kognitive] Fähigkeiten (z. B. Wahrnehmung, Aufmerksamkeit, Gedächtnis) für ein gelingendes bzw. misslingendes Erlernen des Rechnens" (ebd., S. 329) zu identifizieren, geht es in der Neuropsychologie darum, mithilfe bildgebender Verfahren, z. B. der funktionellen Magnetresonanztomographie (kurz: fMRT), bspw. „die hirnpsychologischen Prozesse bei der Bearbeitung verschiedener Typen von Mathematikaufgaben" (ebd., S. 330) zu untersuchen. Jacobs und Petermann (2005) ergänzen, dass „der heute in der Neuropsychologie verwendete Begriff ‚Dyskalkulie' [...] nur die *entwicklungsbedingten* Rechenstörungen [beinhaltet]" (S. 13), und demnach in der Kindheit beginnt. Fischer, Roesch und Moeller (2017) sprechen in diesem Zusammenhang von einer „Entwicklungsstörung des Rechnens" (S. 25; Dilling & Freyberger, 2016, S. 290), im englisch-sprachigen Raum wird dafür der Begriff

[1] Weitere Komorbiditäten werden in Jacobs & Petermann, 2005, S. 42 ff. aufgeführt.

der „Developmental Dyscalculia“ (Bugden & Ansari, 2015, S. 18) verwendet. Dies schließt Rechenstörungen aus, die bspw. „aufgrund von Hirnschädigungen zu einem späten Zeitpunkt erworben wurden“ (Schneider, Küspert, & Krajewski, 2016, S. 189) und als „Akalkulie“ (ebd., S. 189) bezeichnet werden.

In der Mathematikdidaktik werden häufig die Begriffe der Rechenschwäche, Rechenstörung und Lernschwächen verwendet (z. B. Schipper, 2009, S. 329; Scherer, 2009; Scherer & Moser Opitz, 2010). „Die Mathematikdidaktik geht davon aus, dass vor allem die Prozesse der Bearbeitung mathematischer Aufgaben Aufschluss über Art und Ursachen gelingenden und misslingenden Mathematiklernens geben können“ (Schipper, 2009, S. 330). Der Fokus liegt somit auf Lösungsprozessen von Aufgaben, die dazu dienen können, mögliche Schwierigkeiten und Hürden im Lernprozess von Schülerinnen und Schülern zu identifizieren.

2.1.2 Diagnose von Dyskalkulie auf Basis des Diskrepanzkriteriums

Im Hinblick auf die Definition der Rechenstörung bzw. Dyskalkulie stellt sich die Frage, wann eine Dyskalkulie vorliegt. Dabei „wird eine Rechenstörung oft nach den Kriterien der Weltgesundheitsorganisation auf der Grundlage der Ergebnisse eines Intelligenztests und eines standardisierten Mathematiktests [diagnostiziert]“ (Scherer & Moser Opitz, 2010, S. 10 f.; Jacobs & Petermann, 2005). Es handelt sich dabei um das sogenannte *Diskrepanzkriterium*, gemessen an der Diskrepanz zwischen dem Intelligenzquotienten (kurz: IQ) und der Rechenleistung in einem entsprechenden Rechentest. Nach der Deutschen Gesellschaft für Kinder- und Jugendpsychiatrie, Psychosomatik und Psychotherapie (DGKJP) (2007) bzw. der ICD-10, handelt es sich um eine Rechenstörung, „wenn der Prozentrang in einem standardisierten Mathematiktest nicht signifikant größer als 10 ist und keine Intelligenzminderung vorliegt (IQ $\geq$ 70)“ (Kuhn, Raddatz, Holling, & Dobel, 2013, S. 229), bzw. der Wert des Testergebnisses „mindestens zwei Standardabweichungen unterhalb des Niveaus liegt, das aufgrund des chronologischen Alters und der allgemeinen Intelligenz des Kindes zu erwarten wäre“ (Dilling & Freyberger, 2016, S. 290). Liegt eine solche Diskrepanz nicht vor, wird auf Grundlage dieses Kriteriums „von einer Rechenschwäche gesprochen“ (Kuhn, Raddatz, Holling, & Dobel, 2013, S. 229). Das Kriterium der Diskrepanz auf Basis der Intelligenz, und die damit verbundene Kategorisierung verschiedener „›Typen‹ von Schülerinnen und Schülern mit Problemen beim (Mathematik-)Lernen […]“ (Scherer & Moser Opitz, 2010, S. 11), wird vielseitig kritisiert (Gaidoschik, 2020; Hess,

2012; Lorenz, 2003; Lorenz, 2003a; Moser Opitz, 2007; Scherer & Moser Opitz, 2010; Schipper, 2009; von Aster, 2013). Eine Schwäche dieser Kategorisierung liegt darin, dass sie

> nur [sagt], was das rechenschwache Kind *nicht tut*: es rechnet *nicht* so, wie es seinem Intelligenzniveau angemessen wäre. Es wird aber gar nichts darüber ausgesagt, was das rechenschwache Kind stattdessen *schon tut*, wenn es rechnet. Es findet also keine *inhaltliche* Beschäftigung mit dem Rechnen und Denken rechenschwacher Kinder statt. (Gaidoschik, 2020, S. 12 f.)

Somit scheint diese „für die praktische Arbeit mit betroffenen Kindern (Diagnose, Förderung) unbrauchbar" (Schipper, 2009, S. 331). Ein weiterer Kritikpunkt dieser Definition umfasst die „Gefahr, dass eine willkürliche Grenzziehung Kinder von einer Förderung ausschließt" (Lorenz, 2003, S. 15), wobei bspw. „ein Kind mit einem IQ von 86 als rechenschwach gelten kann, der Klassenkamerad mit einem IQ von 84 und gleicher Mathematikleistung hingegen nicht" (ebd., S. 15). Dies kann auch dazu führen, „dass Kindern öffentlich finanzierte ‚Therapie' verweigert wird" (Schipper, 2009, S. 331), wenn ihre Schwierigkeiten beim Rechnen auf eine Intelligenzminderung oder eine unangemessene Beschulung zurückzuführen sind (ebd., S. 331; Dilling & Freyberger, 2016, S. 290), obgleich sie, wie Untersuchungen zeigen, teilweise „bei den gleichen Aufgaben Schwierigkeiten zeigen bzw. dieselben Fehler machen" (Scherer & Moser Opitz, 2010, S. 11).

Eine Alternative zur Kategorisierung von Schülergruppen in Schülerinnen und Schüler mit Dyskalkulie, einer Rechenschwäche oder -störung, bietet demnach der Ansatz einer „inhaltliche[n] Beschäftigung" (Gaidoschik, 2020, S. 13) mit dem Konstrukt der Rechenschwäche und somit der Untersuchung von Schwierigkeiten und Hürden, die sich im Lernprozess von Schülerinnen und Schülern feststellen lassen (Scherer & Moser Opitz, 2010, S. 12). Dabei gilt es alle Schülerinnen und Schüler in den Blick zu nehmen, „die einer Förderung jenseits des Standardunterrichts bedürfen" (Lorenz & Radatz, 1993, S. 16; siehe auch Lorenz, 2003, S. 15).

Der Fokus liegt auf der Identifikation und „Beschreibung von mathematischen Inhaltsbereichen, bei deren Erwerb (häufig) Schwierigkeiten auftreten" (Scherer & Moser Opitz, 2010, S. 12). Der Begriff der mathematischen Inhaltsbereiche wird im Folgenden auf die Inhaltsbereiche der Grundschulmathematik – Arithmetik, Geometrie, Größen und Sachrechnen (KMK, 2004, S. 6; Krauthausen & Scherer, 2008, S. 6; Scherer & Moser Opitz, 2010, S. 4 f.) – bezogen. Im Rahmen verschiedener Untersuchungen wurden mögliche Hürden im Lernprozess, sowie Schwierigkeiten in mathematischen Inhaltsbereichen, insbesondere im Bereich der Arithmetik, identifiziert und zusammengefasst (Scherer & Moser Opitz, 2010; Schipper, 2009; Wartha & Schulz, 2019). Diese werden in Abschnitt 2.5 aufgegriffen und näher erläutert.

Im weiteren Verlauf dieser Arbeit wird der Begriff der *Rechenschwäche* verwendet bzw. von Schwierigkeiten und Hürden in verschiedenen mathematischen Inhalts- und Themenbereichen gesprochen (Scherer & Moser Opitz, 2010, S. 12 f.). Hierbei sei erneut darauf verwiesen, dass diese Arbeit nicht das Ziel verfolgt, eine Dyskalkulie, Rechenstörung oder Rechenschwäche zu diagnostizieren und diese z. B. anhand des Diskrepanzkriteriums festzustellen. Somit wird der Begriff der Rechenschwäche nicht auf Grundlage der Kategorisierung nach diesem Kriterium der ICD-10 verwendet. Bei dem Begriff in der vorliegenden Arbeit geht es vielmehr darum, sich aus mathematikdidaktischer Perspektive „besonders intensiv auf mathematische Lösungs- und Lernprozesse [zu konzentrieren]“ (Schipper, 2009, S. 329), um mögliche Schwierigkeiten und Hürden im Lernprozess einer Schülerin im Rahmen der angelegten Fallstudie zu identifizieren und entsprechende Interventionsmaßnahmen zu konzipieren.

2.2 Entwicklung mathematischer Kompetenzen

Im Rahmen der Bildungsstandards für die Primarstufe werden die inhalts- und prozessbezogenen Kompetenzen aufgeführt, die im Rahmen des Grundschulunterrichts gefördert werden sollen. Die mathematischen Inhaltsbereiche der Arithmetik, Geometrie und des Größen und Sachrechnens, lassen sich mit den Bereichen der Zahlen und Operationen, Raum und Form, Muster und Strukturen, Größen und Messen sowie Daten, Häufigkeit und Wahrscheinlichkeit in Zusammenhang bringen (KMK, 2004, S. 8), in denen entsprechende inhaltsbezogene Kompetenzen aufgebaut werden. Im Zusammenhang mit der Beschreibung und Identifikation von Schwierigkeiten im Hinblick auf das Konstrukt einer Rechenschwäche in Verbindung mit den in Abschnitt 1.2 beschriebenen Forschungsfragen, liegt der Schwerpunkt dieser Arbeit auf dem Inhaltsbereich der Arithmetik und den damit verbundenen, inhaltsbezogenen Schwierigkeiten und Hürden im Bereich der Zahlen und Operationen (Abschn. 2.5).

Einen wichtigen Bestandteil des Mathematiklernens kennzeichnet dabei der Erwerb mathematischen Faktenwissens, welches aus dem Gedächtnis abgerufen werden kann. „Dieses Wissen hat eine entlastende Funktion, denn es setzt Ressourcen frei, die auf die Konstruktion neuen mathematischen Wissens verwandt werden können“ (Ratzka, 2003, S. 47). Im Inhaltsbereich der Arithmetik zählen dazu z. B. „ein Pool von Grundrechenaufgaben samt ihren Ergebnissen“ (Ratzka,

2003, S. 45), sowie Aufgaben des kleinen Einmaleins. Darüber hinaus sollen Schülerinnen und Schüler „algorithmische Fertigkeiten“ (Ratzka, 2003, S. 47), (Rechen-)Strategien sowie mathematische Begriffe erwerben (ebd., S. 47). Während die Definition der Rechenstörung nach der ICD-10 den Schwerpunkt auf mangelnde Rechenfertigkeiten legt, betont Schipper (2009), dass „die Beschränkung auf Rechenfertigkeiten […] aus mathematikdidaktischer Perspektive falsch [ist], denn die Schwierigkeiten liegen auch im Bereich der Rechenfähigkeiten und beim Verständnis“ (S. 331).

Neben dem Erwerb mathematischer Fertigkeiten gilt es z. B. im Umgang mit Aufgaben auch mathematische Fähigkeiten zu erwerben. Wichtig ist dabei, dass sowohl das Faktenwissen als auch mathematische Fertigkeiten nicht isoliert, sondern im Zusammenhang mit allgemeinen mathematischen Fähigkeiten – *prozessbezogenen Kompetenzen* – erlernt werden um „die Entwicklung eines gesicherten *Verständnisses* mathematischer Inhalte“ (KMK, 2004, S. 6) zu fördern. Dazu zählen z. B. Problemlösefähigkeiten (z. B. heuristische Fähigkeiten) (Winter, 1995, S. 37), das Argumentieren, Kommunizieren, Modellieren sowie das Darstellen von Mathematik (KMK, 2004, S. 7).

Im Rahmen dieser Arbeit werden in diesem Zusammenhang Rechengeschichten bzw. Aufgaben im Anwendungskontext eingesetzt, wobei der Fokus auf dem Mathematisieren, dem „Übersetzen von Kontextsituationen auf die Ebene der Mathematik“ (Krauthausen & Scherer, 2008, S. 78) liegt. Anschließend geht es darum, die mathematische Lösung in Bezug auf den gegebenen Kontext zu interpretieren (vgl. dazu auch den Modellierungskreislauf nach Blum & Leiß, 2005, S. 19; Ministerium für Schule und Weiterbildung des Landes Nordrhein-Westfalen, 2008, S. 57 ff.).

2.3 Grundvorstellungen und die Theorie der subjektiven Erfahrungsbereiche zur Beschreibung von Lernprozessen

Um mathematische Kompetenzen sowie Schwierigkeiten und Hürden im Lernprozess der betrachteten Schülerin zu beschreiben, werden im Folgenden zwei Theorien vorgestellt, welche den theoretischen Rahmen dieser Fallstudie bilden. Dabei eröffnet die Theorie der Grundvorstellungen nach vom Hofe (1992) eine normative Perspektive, aus der „ausgehend vom mathematischen Inhalt relevante Aspekte und Vorstellungen entwickelt werden, die Schüler im Unterricht kennenlernen sollen“ (Dilling, Pielsticker, & Witzke, 2019, S. 1).

Im Rahmen einer konstruktivistischen Lerntheorie, welche annimmt, „dass sich Schülerinnen und Schüler in Interaktion mit ihrer Umwelt ihr Wissen selbst konstruieren“ (Pielsticker, 2020, S. 34), bietet die Theorie der subjektiven Erfahrungsbereiche (SEB) „als deskriptive Perspektive“ (Dilling, Pielsticker, & Witzke, 2019, S. 1) die Möglichkeit, Vorstellungen und Lernprozesse von Schülerinnen und Schülern zu beschreiben. Dabei orientiert sich diese Arbeit an einem Ansatz zur Beschreibung von Entwicklungsprozessen mathematischen Wissens, welches sich nach Burscheid und Struve (2020) wie folgt charakterisieren lässt:

> Mit Wissen ist in diesem Kontext nicht von der betreffenden Person formuliertes Wissen gemeint – [...] – sondern das Wissen, das Beobachter den betreffenden Personen unterstellen, um ihr Verhalten zu erklären: Die Personen – etwa die Kleinkinder oder auch Schüler – verhalten sich so, *als ob* sie über das Wissen/ die Theorie verfügen würden. (S. 53 f.)

„Im Sinne [eines] kognitionspsychologischen Ansatzes“ (Schlicht, 2016, S. 2) beziehen sie sich hierbei auf das Konzept *theory theory* nach Alison Gopnik, in dem „das Verhalten von Kindern mittels Zuschreibens von Theorien über einen Phänomenbereich beschrieben werden [kann]“ (Schlicht, 2016, S. 2):

> Kinder eignen sich die Welt in ganz ähnlicher Weise an wie Naturwissenschaftler: Sie experimentieren gezielt, bewerten gewonnene statistische Muster und stellen anhand ihrer Beobachtungen Theorien auf. (Gopnik, 2010, S. 69)

Vor dem Hintergrund dieser Annahmen werden im Folgenden das Konzept der Grundvorstellungen sowie die Theorie der SEB im Hinblick auf das Forschungsvorhaben näher erläutert, um den Lernprozess einer Schülerin bzw. ihre Theorien zu beschreiben.

Der Begriff der Grundvorstellungen

> charakterisiert fundamentale mathematische Begriffe oder Verfahren und deren Deutungsmöglichkeiten in realen Situationen. Er beschreibt somit Beziehungen zwischen mathematischen Strukturen, individuell-psychologischen Prozessen und realen Sachzusammenhängen oder kurz: *Beziehungen zwischen Mathematik, Individuum und Realität.* (vom Hofe, 1992, S. 347)

Aus einer normativen Perspektive stellt sich die Frage, „welche Grundvorstellungen [...] zur Lösung des Problems aus der Sicht des Lehrenden adäquat [sind]“ (ebd., S. 353). Diese bilden in der vorliegenden Arbeit eine Grundlage für die Konzeption und Planung der Interventionseinheiten, welche sich an den Grundvorstellungen zu Zahlen, Operationen und Strategien orientieren (Abschn. 2.4).

Um daran anknüpfend die Lernprozesse der Schülerinnen und Schüler zu beschreiben „und mögliche Mißverständnisse [*sic*] bzw. Kommunikationsstörungen aufzudecken, wird […] der – stoffdidaktisch verstandenen – normativen eine *deskriptive* Ebene gegenübergestellt" (vom Hofe, 1992, S. 350). Der Schwerpunkt der deskriptiven Dimension liegt dabei auf der Beschreibung von Vorstellungen, die im Lösungsversuch der Schülerinnen und Schüler zu erkennen sind (vom Hofe, 1992, S. 353). Die Theorie der SEB nach Heinrich Bauersfeld (1983) kann an dieser Stelle einbezogen werden, um damit „zusammenhängende situationsspezifische Strategien" (vom Hofe, 1992, S. 350) der betrachteten Schülerin zu identifizieren sowie mögliche Fehlvorstellungen und Schwierigkeiten aufzudecken. In seiner Theorie beschreibt Bauersfeld (1983), dass Schülerinnen und Schüler

> im Mathematikunterricht oft so [handeln], als seien ihr verfügbares Wissen, ihre Handlungsmöglichkeiten, ihr Sprachverstehen, ihre Sinnzuschreibungen usw. in getrennte Bereiche gegliedert, zwischen denen es keinen selbstverständlichen Austausch gibt. (S.1)

Diese getrennten Bereiche werden als subjektive Erfahrungsbereiche (SEB) bezeichnet, welche mit individuellen Erfahrungen eines Subjektes verbunden sind. Neben dem Wissen, einer kognitiven Dimension, umfasst ein SEB auch nicht-kognitive Dimensionen wie z. B. die Motorik, prozedurales Wissen, Emotionen und Wertungen (ebd., S. 28). Zur Beschreibung von Lernprozessen einer Schülerin wird der Blick in dieser Arbeit hauptsächlich auf die kognitive Dimension der SEB gerichtet (vgl. Pielsticker, 2020, S. 83).

Die Gesamtheit der SEB wird als „society of mind" bezeichnet, wobei die SEB in ihrer Anordnung „nicht-hierarchisch" sind und „um eine Aktivierung konkurrieren, und zwar umso wirksamer, je häufiger sie wiederaktiviert bzw. je intensiver sie gebildet worden sind" (Bauersfeld, 1985, S. 12).

Ein weiterer wichtiger Aspekt besteht in dieser Hinsicht im Abruf verfügbaren Wissens und den entsprechenden Handlungsmöglichkeiten eines Subjektes in einem „*Objektbereich*" (Pielsticker, 2020, S. 35). Durch die Bereichsspezifizität ist z. B. „ein Begriff […] nur in bestimmten Formulierungen abrufbar oder nur in einem bestimmten Sachzusammenhang, eine Fertigkeit wird nur bei spezifischen Auslösern verfügbar" (Bauersfeld, 1983, S. 1), wobei der jeweils aktivierte SEB das Handeln bestimmt (ebd., S. 36). So kann bspw. auch die Analyse von Schülerfehlern im Sinne der Beschreibung zugrundeliegender SEB bzw. „subjektiver Vorstellungen" (Lorenz & Radatz, 1993, S. 25) erfolgen.

Im Hinblick auf Lernprozesse lässt sich neu erworbenes Wissen nach dieser Theorie nicht automatisch auf andere Situationen übertragen und generalisieren (Bauersfeld, 1983, S. 7 ff.). In diesem Sinne kann das Lernen „als Erwerb neuer SEB" (ebd., S. 2) und dessen Verknüpfung aufgefasst werden, wobei die Bildung eines neuen SEB „aktive[r] Sinnkonstruktionen" (ebd., S. 29) des „handelnden Subjektes" (ebd., S. 28), also des Lernenden bedarf (Dilling, Pielsticker, & Witzke, 2019, S. 2). Eine wichtige Rolle bei der Verknüpfung von SEB spielt dabei die Sprache sowie die soziale Interaktion (Bauersfeld, 1985, S. 14). Verknüpfungen und Zusammenhänge zwischen SEB, die zunächst durch ihren eigenen Sprachgebrauch und ihre Handlungsmöglichkeiten gekennzeichnet sind, werden erst durch die Bildung eines neuen SEB ermöglicht, welcher „ein[en] Vergleich oder ein In-Beziehung-Setzen ihrer Elemente oder Produkte [...] [erlaubt]" (Bauersfeld, 1983, S. 7).

Während „die Wiederholung einer ähnlichen Situation [...] zu einer Festigung und damit auch zu einer effektiveren Aktivierung eines SEB [führt] (Dilling, Pielsticker, & Witzke, 2019, S. 2), beschreibt Bauersfeld (1983) in diesem Zusammenhang auch den Aspekt der Regression, das „[Zurückfallen] auf frühere Entwicklungsstadien" (S. 43). So können Situationen „in denen neue Zusammenhänge ausgehandelt werden [...] oder in denen sich der Schüler unter Stress fühlt, z. B. unter Handlungszwängen, Zeitdruck oder in Not" (ebd., S. 44) zu einem Rückfall in frühere SEB führen, welche möglicherweise durch fehlerhafte Strategien gekennzeichnet sind (ebd.). Diese Aspekte gilt es bei der Analyse von Fehlern und Vorgehensweisen zu berücksichtigen.

Zusammenfassend ist die Beziehung zwischen der normativen und deskriptiven Perspektive im Modell zur Ausbildung von Grundvorstellungen nach vom Hofe (1992) dargestellt (Abbildung 2.1). Aus der normativen Perspektive der Lehrkraft gilt es, „ausgehend vom mathematischen Inhalt bestimmte Grundvorstellungen – als Kategorien – bei den Schülern [zu] entwickeln und im Sachzusammenhang [umzusetzen]" (Dilling, Pielsticker, & Witzke, 2019, S. 2 f.). Die entsprechenden Handlungen und „didaktischen Entscheidungen" (vom Hofe, 1992, S. 358) der Lehrkraft sind auf der linken Seite der Abbildung 2.1 gekennzeichnet. Aus Sicht der Schülerinnen und Schüler – des Individuums – werden beispielsweise bei der Bearbeitung einer Aufgabe oder einer Lerneinheit vorhandene SEB aktiviert, oder neue entwickelt „die es diesem ermöglichen, den *Kern des Sachzusammenhangs* aus der Perspektive seiner Vorstellungs- und

Handlungsmöglichkeiten zu *erfassen*" (vom Hofe, 1992, S. 359) und Grundvorstellungen aufzubauen, die das Verständnis des mathematischen Inhalts fördern (vgl. Abbildung 2.1, rechts).

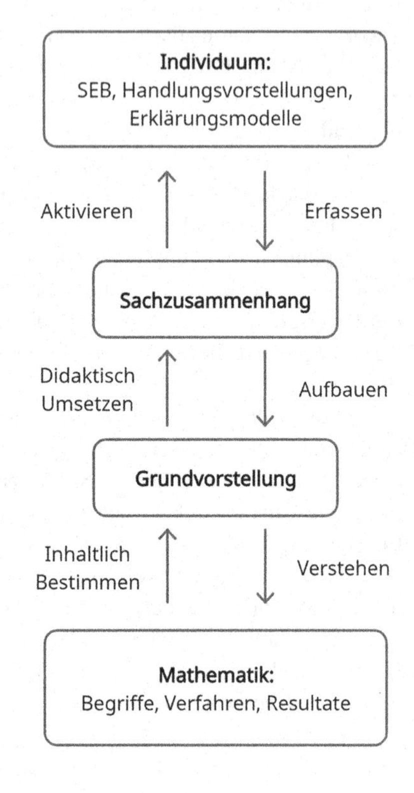

Abbildung 2.1 Ausbilden von Grundvorstellungen (vgl. vom Hofe, 1992, S. 359)

2.4 Grundvorstellungen zu mathematischen Inhalten

Um das Konzept der Grundvorstellungen als normative Grundlage für die Planung und Gestaltung von Interventionseinheiten nutzen zu können, wird in diesem Kapitel der Inhaltsbereich der Arithmetik mit den entsprechend aufzubauenden Grundvorstellungen zu Zahlen, Operationen und Strategien vorgestellt. Dabei wird neben dem Begriff der Vorstellungen auch der Begriff des Verständnisses verwendet. Im Zusammenhang mit dem Konzept der Grundvorstellungen kann ein Verständnis unter anderem aufgebaut werden, wenn Schülerinnen und Schüler bspw. eine Zahl, Operation oder Strategie auf verschiedenen Ebenen darstellen und zwischen diesen wechseln, z. B. „durch ‚Übersetzungen' zwischen konkreten Handlungen in Sachkontexten oder an geeigneten Anschauungsmitteln, bildlichen Darstellungen und symbolischen Repräsentationen" (Götze, Selter, & Zannetin, 2019, S. 43). Das Konzept der Grundvorstellungen kann ebenfalls als Indikator für ein Verständnis dienen. Dabei wird von einem „Grundvorstellungsumweg" (Wartha & Schulz, 2019, S. 39) gesprochen. Abbildung 2.2 zeigt, dass Probleme, wie z. B. Rechenaufgaben und entsprechende Lösungen durch Aktivierung von Grundvorstellungen auf einer anderen Ebene dargestellt werden können. „Ein *Verständnis* des mathematischen Inhalts wird dann unterstellt, wenn eine Lösung auch über die Aktivierung von Grundvorstellungen in einer anderen Darstellung möglich ist" (ebd., S. 39; Abbildung 2.2[2]).

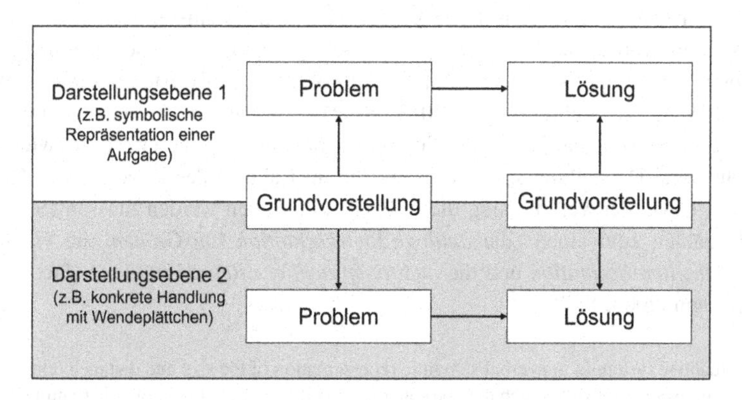

Abbildung 2.2 Grundvorstellungsdiagramm (in Anlehnung an Wartha & Schulz, 2019, S. 29)

2.4.1 Zahlen und Zahlvorstellungen

Ein wichtiges Ziel des Mathematikunterrichts der Primarstufe ist „der Erwerb der natürlichen Zahlen" (Padberg & Benz, 2011, S. 13). Dabei basiert dieser „im Verlauf der Vorschul- und Grundschulzeit [...] *keineswegs* nur auf der Entwicklung der Zählkompetenz" (ebd., S. 13). Über den Aspekt des Zählens hinaus

[2] Für Beispiele eines solchen Grundvorstellungsumweges siehe z. B. Wartha & Schulz, 2011, S. 6; Wartha & Schulz, 2019, S. 40.

begegnen uns Zahlen in zahlreichen (Alltags-)Situationen, sodass „die Gewinnung von tragfähigen und vielfältigen Vorstellungen von Zahlen" (ebd., S. 13) im Arithmetikunterricht eine zentrale Rolle spielt. Im Zusammenhang mit der Entwicklung einer tragfähigen Grundvorstellung von Zahlen werden folgende Zahlaspekte genannt: Der Kardinalzahlaspekt (Beschreibung einer Anzahl), der Ordinalzahlaspekt (Reihenfolge bzw. Rangplatz einer Zahl), der Maßzahlaspekt (Bezeichnung von Größen), der Operatoraspekt (Vielfachheit einer Handlung), sowie der Rechenzahlaspekt (algorithmisch und algebraisch) (Padberg & Benz, 2011, S. 15; Schipper, 2009, S. 90 f.) Darüber hinaus gibt es den Codierungsaspekt (Ziffernfolgen z. B. bei Telefonnummern), wobei es sich bei den Zahlen nicht um natürliche Zahlen handelt, „da ihnen wesentliche Zahleigenschaften (Rechnen, Ordnen) *nicht* zukommen" (Padberg & Benz, 2011, S. 15). Im Folgenden wird im Rahmen der Diagnose und Intervention hauptsächlich auf die Aspekte der Kardinal- und Ordinalzahl eingegangen.

In Verbindung mit dem Konzept der Grundvorstellungen ist es „bei der Darstellung von Zahlen […] sinnvoll, mehrere Repräsentationsebenen zu verknüpfen, damit die Kinder zu einem umfassenden Zahlverständnis kommen" (Häsel-Weide & Nührenbörger, 2013, S. 21). In diesem Zusammenhang sei auf das *triple-code model* (Triple-Code-Modell) von Dehaene (1992) verwiesen, welches drei Darstellungssysteme nennt, die im Rahmen des Erwerbs von Zahlwissen, sowie der Verarbeitung dieser Zahlen erworben werden müssen (S. 31). Dazu zählen zum einen „die *analoge Repräsentation von Größen*, die *visuell-arabische Repräsentation* und die *auditiv-sprachliche Repräsentation*" (Jacobs & Petermann, 2005, S. 20):

> a quantity system (a nonverbal semantic representation of the size and distance relations between numbers, which may be category specific), a verbal system (where numerals are represented lexically, phonologically, and syntactically, [...]), and a visual system (in which numbers can be encoded as strings of Arabic numerals). (Dehaene, Piazza, Pinel, & Cohen, 2003, S. 488)

In Abbildung 2.3 (in Anlehnung an Jacobs & Petermann, 2005, S. 20; Wartha & Schulz, 2019, S. 49 f.) sind diese Ebenen am Beispiel der Zahl 43 dargestellt. Im Zuge dieser Arbeit wird das Zahlverständnis der Schülerin unter anderem im Hinblick auf diese Ebenen untersucht. Neben den Vernetzungen der Darstellungsebenen gehört zu einem Zahlverständnis bzw. einer tragfähigen Zahlvorstellung auch die Fähigkeit, „Beziehungen zwischen Zahlen zu sehen und zu verstehen" (Götze, Selter, & Zannetin, 2019, S. 23). Zu den Fähigkeiten zählen z. B. das (Ab)-Zählen von Mengen, Zählen in Schritten, das Einordnen von Zahlen am Zahlenstrahl und das Erfassen einer Anzahl mit einem Blick („Subitizing" (Jacobs & Petermann, 2005, S. 21)), sowie das Wissen über Zahlzerlegungen, die Fähigkeit Anzahlen zu vergleichen und Zahlen ihren Stellenwerten gemäß zu positionieren (Götze, Selter, & Zannetin, 2019, S. 22). Weitere Fähigkeiten werden im Rahmen des in dieser Arbeit verwendeten Diagnoseleitfadens[3] aufgegriffen (in Anlehnung an Kaufmann & Wessolowski, 2015; Wartha & Schulz, 2019).

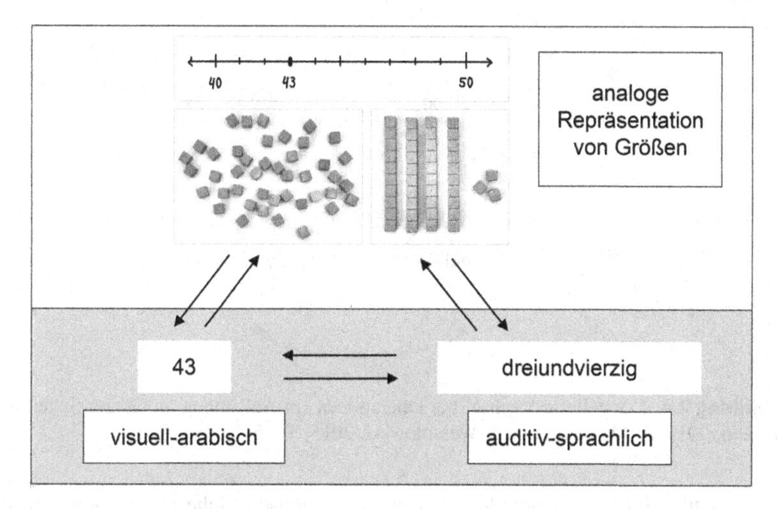

Abbildung 2.3 Verschiedene Darstellungen der Zahl 43 (in Anlehnung an Jacobs & Petermann, 2005, S. 20; Wartha & Schulz, 2019, S. 49 f.)

2.4.2 Operationsvorstellungen

Neben dem Erwerb von Grundvorstellungen zu Zahlen sollten Kinder „Aufgaben der vier Grundrechenarten nicht nur automatisiert wiedergeben, sondern auch zunehmend differenzierte und umfassende Vorstellungen von den Operationen erwerben, um sie sicher und flexibel anwenden zu können" (Götze, Selter, & Zannetin, 2019, S. 43). Dazu zählt z. B. das „[W]issen, wann welche Rechenart

[3] Ausschnitte aus dem in dieser Arbeit verwendeten Diagnoseleitfaden und den entsprechenden Diagnoseaufgaben befinden sich in Anhang G im elektronischen Zusatzmaterial.

gefragt ist“ (Wartha & Benz, 2015, S. 8) sowie das Wissen über die „Bedeutungsvielfalt“ (Götze, Selter, & Zannetin, 2019, S. 43) der Operationen. Somit ist es wichtig, tragfähige Grundvorstellungen zu den vier Operationen aufzubauen und die Fähigkeit zu entwickeln, zwischen verschiedenen Darstellungen zu wechseln (ebd.). In Abbildung 2.4 sind verschiedene Darstellungsebenen mit ihren Verknüpfungen am Beispiel der Additionssaufgabe „5 + 2“ abgebildet.

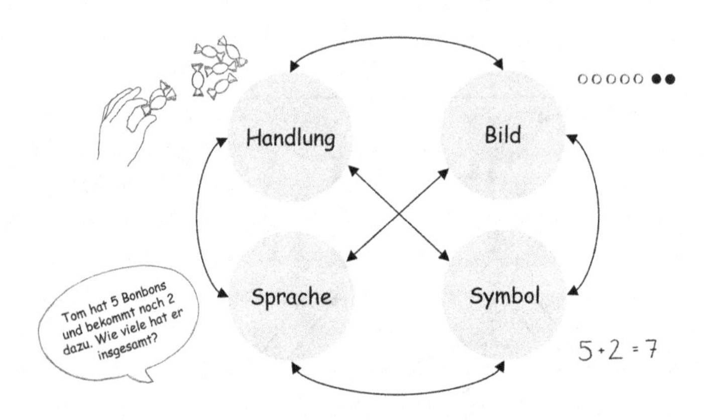

Abbildung 2.4 Darstellungswechsel bei Operationen (in Anlehnung an Götze, Selter, & Zannetin, 2019, S. 44; Kaufmann & Wessolowski, 2015, S. 25)

Bei Schülerinnen und Schülern mit einer Rechenschwäche lassen sich häufig Probleme beim Darstellungswechsel von Operationen feststellen. Dies zeigt sich mitunter darin, dass sie beispielsweise keine Rechengeschichte („Sprache“) zu einer symbolischen Darstellung („Symbol“) angeben, oder „zu ihren Handlungen an Materialien keine Rechenaufgaben nennen bzw. schreiben“ (Schipper, 2009, S. 337) können (Abbildung 2.4). Aus diesem Grund ist es wichtig, anhand von Aufgaben mit vielfältigen Anwendungskontexten sowie der Wahl von geeigneten Arbeits- und Anschauungsmitteln (Abschn. 3.3.2) verschiedene Kontexte zu eröffnen, welche es Schülerinnen und Schülern ermöglichen „erste Vorstellungen zu tragfähigen Operationsvorstellungen weiterzuentwickeln und auszubauen“ (Götze, Selter, & Zannetin, 2019, S. 45). Im Rahmen dieser Fallstudie wird dabei insbesondere auf die Grundvorstellungen zur Addition und Subtraktion eingegangen. Diese werden in Tabelle 2.1 exemplarisch zusammengefasst[4] (Götze, Selter, & Zannetin, 2019; Wartha & Schulz, 2019):

Tabelle 2.1 Grundvorstellungen zur Addition und Subtraktion

Operation	Grundvorstellung	Beispiele[5] und **Schlüsselwörter**
Addition 6 + 8	Hinzufügen *dynamisch*	„Einer Menge von Objekten wird eine weitere hinzugefügt" (Götze, Selter, & Zannetin, 2019, S. 46). *A hat 6 Bonbons und bekommt noch 8* ***dazu****.*
	Zusammenfassen *statisch*	Zusammenfassen zweier Mengen. *A hat 6 Bonbons und B hat 8 Bonbons. Wie viele haben sie* ***zusammen****?*
	Vergleichen *statisch*	Vergleich zweier Mengen durch Addition. *A hat 6 Bonbons. B hat 8* ***mehr****. Wie viele hat B?*
Subtraktion 12 – 9	Wegnehmen/ Abziehen *dynamisch*	„Von einer Gesamtmenge werden Objekte weggenommen, sodass ein Rest entsteht" (Götze, Selter, & Zannetin, 2019, S. 49). *A hat 12 Bonbons und gibt 9 Bonbons ab. Wie viele sind* ***übrig****?*
	Ergänzen *dynamisch*	„Unterschied zwischen Ausgangsmenge und Endmenge" (Götze, Selter, & Zannetin, 2019, S. 49). *A hat 9 Bonbons. Wie viele* ***fehlen****, damit A 12 Bonbons hat?*
	Vergleichen *statisch*	„Unterschied zweier Teilmengen [wird] statisch bestimmt" (Götze, Selter, & Zannetin, 2019, S. 49) *Wie viele Bonbons hat A* ***mehr/weniger*** *als B?*

Neben den Grundvorstellungen zu den Grundrechenarten zählt auch „das Erkennen und Nutzen von Beziehungen und Strukturen" (Götze, Selter, & Zannetin, 2019, S. 44) zwischen den Operationen als wichtige Komponente für den Aufbau eines Operationsverständnisses. Dazu gehört z. B. ein Verständnis für zentrale Rechengesetze, wie das Kommutativ- und Assoziativgesetz im Hinblick auf die Addition, sowie die Konstanz einer Summe bzw. Differenz „um flexibel und sicher zu rechnen" (ebd., S. 48). Auf Grundlage dieser Rechengesetze, kann ein Verständnis für die Beziehungen zwischen Zahlen und Aufgaben

[4] Für eine weitere Ausführung der Grundvorstellungen siehe Götze, Selter, & Zannetin, 2019, S. 46 ff.; Wartha und Schulz, 2019, S. 31.

[5] Für weitere Beispiele bzw. eine Kategorisierung von Rechengeschichten nach Grundvorstellungen siehe Padberg & Benz, 2011, S. 93 ff.; Schipper, 2009, S. 100.

entwickelt werden, welche bspw. für das Lösen von Platzhalteraufgaben wie z. B. „3 + ___ = 7“ (Gaidoschik, 2020, S. 37) von Bedeutung sind.

2.4.3 Rechnen und Rechenstrategien

So wie Zahlen und Operationen können auch Strategien „sowohl auf symbolischer Ebene als auch handelnd oder mit Bildern durchgeführt werden. Den Zusammenhang bzw. die Übersetzung zwischen diesen Darstellungsebenen ermöglichen Grundvorstellungen zu Strategien“ (Wartha & Schulz, 2019, S. 36; Abbildung 2.2). Um den Ausbau sowie die Aktivierung von Grundvorstellungen zu Strategien zu fördern, sollte beispielsweise „die symbolische Sprech- bzw. Schreibweise direkt in Verbindung zur entsprechenden Materialhandlung oder einem Modell gestellt werden“ (ebd., S. 38), um zu vermeiden, dass „Strategien wie Rezepte abgearbeitet“ (ebd., S. 37) werden. Mögliche Strategien zum Lösen der Aufgabe „8 + 6“ sind beispielsweise das *Weiterzählen*, *Verdopplungen* der 8 bzw. 6 oder *Schrittweise über die 10*[6]. In Abbildung 2.5 sind zwei mögliche Darstellungen für die Strategie des schrittweisen Rechnens aufgeführt.

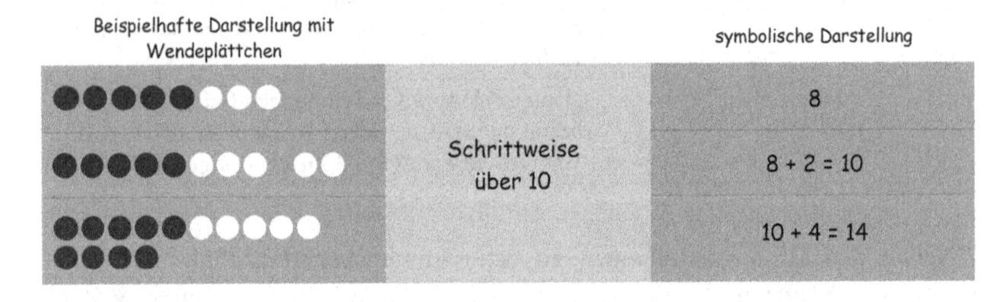

Abbildung 2.5 „Schrittweise über 10“ (in Anlehnung an Wartha & Schulz, 2019, S. 37)

Im Hinblick auf das Rechnen in höheren Zahlräumen sei an dieser Stelle auf Strategien des halbschriftlichen und schriftlichen Rechnens verwiesen (Abschn. 2.5.2). Zu den halbschriftlichen Verfahren zählen neben dem *schrittweisen Rechnen,* das *stellenweise Rechnen,* so wie *Ableitungsstrategien* (Götze, Selter, & Zannetin, 2019, S. 94; Padberg & Benz, 2011, S. 189 f.) z. B. über Hilfsaufgaben (Häsel-Weide & Nührenbörger, 2013, S. 45). In dieser Arbeit wird

[6] Für weitere Ausführungen und Darstellungsbeispiele siehe Wartha & Schulz, 2011, S. 7; Wartha & Schulz, 2019, S. 37 ff.

dabei insbesondere das schrittweise Rechnen thematisiert, bei dem „nur *eine* Zahl zerlegt [wird]“ (Padberg & Benz, 2011, S. 189).

Auch hier gilt es im Hinblick auf den Aufbau eines Verständnisses im Sinne des Konzepts der Grundvorstellungen, „die Rechnung auch auf einer anderen Darstellungsebene (z. B. an einem Anschauungsmittel wie dem Rechenstrich) [durchzuführen]“ (Wartha & Benz, 2015, S. 10). Der Rechenstrich bzw. leere Zahlenstrahl (Lorenz, 2003, S. 37) eignet sich insbesondere dazu, um unterschiedliche Rechen- bzw. Lösungswege zu einer Aufgabe darzustellen (Padberg & Benz, 2011, S. 175). Ein Vorteil des Rechenstriches ist, dass die Notation den Denkprozessen beim schrittweisen Rechnen weitgehend entspricht (ebd., S. 176), wobei diese „von den Kindern in hohem Maße eigene Konstruktionen verlangt“ (Lorenz, 2003, S. 37) und somit unter anderem die Kommunikation über (verschiedene) Rechenschritte und Lösungswege ermöglicht und unterstützt (Wartha & Benz, 2015, S. 10). Zudem erfordert der Rechenstrich ein Rechnen mit Zahlen und lässt dabei „die Nutzung der fehleranfälligen Ziffernstrategien (z.B: Stellenweises Rechnen) nicht [zu]“ (ebd., S. 10).

2.5 Hürden im Lernprozess

Während der Aufbau von Grundvorstellungen das Verständnis für mathematische Inhalte unterstützt, kann im Gegenzug „das Fehlen von Grundvorstellungen zu Hürden im Lernprozess führen“ (Wartha & Schulz, 2019, S. 41). Im Hinblick auf die normative Dimension der Grundvorstellungen werden in diesem Kapitel mögliche Hürden im Lernprozess von Schülerinnen und Schülern vorgestellt. Diese bieten im Rahmen dieser Fallstudie eine Orientierung bei der Beschreibung von Schwierigkeiten sowie Hürden im Lernprozess der betrachteten Schülerin. In verschiedenen Untersuchungen konnten solche Hürden in mathematischen Themenbereichen identifiziert werden, welche rechenschwachen Kindern besondere Probleme bereiten, oder im Zusammenhang mit dem von Schipper (2009) verwendeten Begriff der *Symptome* auch auf eine Rechenschwäche hindeuten können (S. 334). Im Folgenden werden vier Hürden zusammenfassend dargestellt (Scherer & Moser Opitz, 2010, S. 13 ff.; Schipper, 2009, S. 334 ff.). Dazu zählen:

(1) das verfestigte, zählende Rechnen sowie Probleme beim Automatisieren,
(2) das fehlende Verständnis von Stellenwerten,
(3) ein einseitiges Zahlverständnis,
(4) ein mangelndes Operationsverständnis.

Diese lassen sich hauptsächlich dem Inhaltsbereich der Arithmetik zuordnen, was unter anderem auf einen „größeren Anteil der Arithmetik im Vergleich zu den anderen Inhaltsbereichen der Grundschulmathematik“ (Scherer & Moser Opitz, 2010, S. 4; siehe auch Kuhn, Schwenk, Souvignier, & Holling, 2019) zurückzuführen ist.

In Tabelle 2.2 werden die genannten Hürden mit einer kurzen Definition dargestellt und durch Ankerbeispiele für mögliche Ausprägungen oder Merkmale näher erläutert. Dabei sei an dieser Stelle, im Hinblick auf den Begriff des Verständnisses, auf die in Abschnitt 2.4 formulierten Grundvorstellungen verwiesen. Zudem ist zu vermerken, dass die Kategorien nicht disjunkt sind, sondern auch Verbindungen zwischen ihnen bestehen. Eine Hürde, welche Schipper (2009) beispielsweise im Zusammenhang mit einem einseitigen Zahl- und Operationsverständnis nennt, sind Intermodalitätsprobleme (S. 337). Lorenz und Radatz (1993) definieren Intermodalität als „Verbindung zwischen verschiedenen Sinnesmodalitäten“ (S. 233). Intermodalitätsprobleme werden in dieser Arbeit als Probleme beim Darstellungswechsel zwischen den Darstellungsmethoden nach Bruner (1971) – „die handlungsmäßige, die bildhafte und die symbolische“ (S. 21) – sowie der Sprache aufgefasst (wie bspw. in Abbildung 2.4; Abbildung 2.5). Somit wird diese nicht als eigene Kategorie aufgeführt, sondern in Verbindung mit dem Konzept der Grundvorstellungen als eine Komponente für den Aufbau eines Verständnisses angesehen (Götze, Selter, & Zannetin, 2019, S. 43; Wartha & Schulz, 2019, S. 34, 37 ff.; Abbildung 2.2).

Im Zusammenhang mit einem mangelndem Operationsverständnis nennen Scherer und Moser Opitz (2010) Schwierigkeiten beim Problemlösen. Da mangelnde Problemlösefähigkeiten jedoch zu den Schwierigkeiten vieler Schülerinnen und Schüler zählen (Scherer & Moser Opitz, 2010, S. 15) und der Fokus in dieser Arbeit auf einfachen Rechengeschichten (z. B. aus Krajewski, Liehm, & Schneider, 2004) und dem Mathematisieren liegt, werden diese im Rahmen der Studie nicht näher aufgegriffen. Im Folgenden werden Strategien und damit verbundene Schwierigkeiten und Hürden näher erläutert, die für die vorliegende Fallstudie von Bedeutung sind.

Tabelle 2.2 Hürden im Lernprozess

	Definition	Ankerbeispiele aus der Literatur
(1)	**Zählendes Rechnen:** gilt „als ein Hauptsymptom für Rechenstörungen" (Schulz, 2014, S. 92). Darunter fallen Abzählstrategien wie *Alles-* und *Weiterzählen* (Schipper, 2009, S. 102), welche von Schülerinnen und Schülern genutzt werden, um Rechenaufgaben zu lösen. Da hier der Fokus auf dem Zählprozess liegt und dieser den Blick für Zahleigenschaften sowie Beziehungen zwischen Zahlen verhindern kann (ebd., S. 335), kann das zählende Rechnen z. B. das Automatisieren von Aufgaben sowie das Erlernen anderer Strategien erschweren (ebd.; Wartha & Schulz, 2019, S. 47; Abschn. 2.5.1).	– „hochgradige Anspannung, – Schließen der Augen oder [angestrengter] ‚Fernblick'" (Gaidoschik, 2020, S. 35) – der Kopf nickt bzw. die Fingermuskeln zucken beim Zählen mit (ebd., S. 35) – äußere Zählhilfen, z. B. Gegenstände im Zimmer (ebd., S. 34) – „charakteristische ‚Fehler um 1'" (ebd., S. 35) – „geringes Faktenwissen" (Lorenz & Radatz, 1993, S. 33) wie z. B. „fehlende automatisierte Aufgaben" (Schulz, 2014, S. 130) – „ziffernweises Rechnen als Ausweichstrategie" (ebd., S. 130)
(2)	**Stellenwertverständnis:** Ein Verständnis für „das Dezimalsystem hilft, Beziehungen zwischen den Zahlen herzustellen" (Scherer & Moser Opitz, 2010, S. 14) und Rechenstrategien nachzuvollziehen (ebd., S. 14). Im Hinblick auf die Entwicklung eines Stellenwertverständnisses „sind die drei mathematischen Ideen zu nennen, die unser Stellenwertsystem kennzeichnen" (Wartha & Schulz, 2019, S. 48): *1. Prinzip der fortgesetzten Bündelung* (10 Einheiten lassen sich zu einer größeren Einheit zusammenfassen) (ebd., S. 48) *2. Prinzip des Stellenwerts* (die Position der Ziffer bestimmt ihren Stellenwert) (ebd., S. 49) *3. Prinzip des Zahlenwerts* (die einstelligen Ziffern „[geben] die Anzahl der Bündel der betreffenden Mächtigkeit an" (Götze, Selter, & Zannetin, 2019, S. 38)).	– Zahlendreher, wobei insbesondere die Zahlen im Zahlenraum ab 20 verdreht werden (Wartha & Schulz, 2019, S. 56) (dies kann bei deutschen Zahlwörtern auch auf die Diskrepanz zwischen der Sprech- und Schreibweise zurückzuführen sein) (Schipper, 2009, S. 125) – Schwierigkeiten „beim Bündeln und Entbündeln" (Scherer & Moser Opitz, 2010, S. 14) – Schwierigkeiten „beim Verständnis des Zahlenstrahls" (ebd., S. 14)

(Fortsetzung)

Tabelle 2.2 (Fortsetzung)

	Definition	Ankerbeispiele aus der Literatur
(3)	**Zahlverständnis:** Dazu gehört es Zahlen auf verschiedenen Ebenen darzustellen, zu interpretieren und zueinander „in Beziehung setzen [zu] können" (Wartha & Benz, 2015, S. 8). Ein einseitiges Zahlverständnis impliziert, dass bspw. nicht zwischen verschiedenen Zahlaspekten bzw. -darstellungen gewechselt werden kann.	– Probleme beim Darstellungswechsel von Zahlen (Intermodalität) (z. B. Kardinal-/ Ordinalzahl) – „Schwierigkeiten beim Zählen" (Scherer & Moser Opitz, 2010, S. 14) – „Fehlende Einsicht ins dezimale Stellenwertsystem" (ebd., S. 14)
(4)	**Operationsverständnis:** Dazu zählt unter anderem das „[W]issen, wann welche Rechenart gefragt ist" (Wartha & Benz, 2015, S. 8). Zudem ist „das Operationsverständnis [...] unabdingbare Voraussetzung für das Lösen von Sachaufgaben" (Kaufmann & Lorenz, 2006, S. 22) Ein mangelndes Operationsverständnis zeigt sich bspw. in Schwierigkeiten beim Mathematisieren (Scherer & Moser Opitz, 2010, S. 14) da dieses unter anderem eine „Entscheidung über die auszuführende Operation verlangt" (Lorenz & Radatz, 1993, S. 34).	– Probleme beim Darstellungswechsel von Operationen (z. B. kann zu einer Aufgabe keine Rechengeschichte erzählt werden (Schipper, 2009, S. 337)) – Kombination der Ziffern, die in der Aufgabe enthalten sind (Lorenz & Radatz, 1993, S. 34), es wird sich „auf die Zahlen gestürzt – und irgendetwas damit gemacht" (Gaidoschik, 2020, S. 58) – Orientierung „an sogenannten Schlüsselwörtern wie ›mehr‹, ›weniger‹, ›zusammen‹, [...] ohne auf den Kontext zu achten" (Scherer & Moser Opitz, 2010, S. 15) – mangelndes Verständnis für Tauschaufgaben, Platzhalteraufgaben und Zahlzerlegungen (Gaidoschik, 2020, S. 37 f.) – Fehler im Umgang mit der Null, wie z. B. „8 + 0 = 0", „8 – 0 = 0" (Gaidoschik, 2020, S. 39)

2.5.1 Zählstrategien

Das zählende Rechnen und der Erwerb entsprechender Zählstrategien wie z. B. die Strategie des *Alleszählen* oder *Weiterzählen* (Schipper, 2009, S. 103 ff.) ist „für Schulanfänger [...] eine gute und meist die einzige Möglichkeit, Rechenaufgaben und einfache mathematische Sachsituationen bearbeiten zu können" (Wartha & Schulz, 2019, S. 42). Während solche Strategien „zu Schulbeginn bis zur Mitte des ersten Schuljahres noch erwartungskonform [sind]“ (ebd., S. 42), sollten diese im weiteren Verlauf durch operative Strategien abgelöst werden (ebd., S. 43; siehe auch Schipper, 2009), um den Aufbau von Grundvorstellungen zu weiteren Strategien nicht zu behindern (Wartha & Schulz, 2019, S. 43 ff.).

Hierbei sei zu beachten, dass das verfestigt zählende Rechnen sowie Zählstrategien bei der Berechnung von Grundaufgaben fehleranfällig sind und mehr Zeit und Arbeitsspeicher in Anspruch nehmen, als das Abrufen aus dem Gedächtnis (Ratzka, 2003, S. 45). Zudem kann das fehlende Faktenwissen im Bereich der Arithmetik die weitere Entwicklung mathematischer Fertigkeiten und Fähigkeiten sowie den Aufbau von Grundvorstellungen zu Strategien erschweren (Wartha & Schulz, 2019, S. 44). Fehlende Strategien führen dabei wiederum zur Verfestigung des zählenden Rechnens.

Eine mögliche Folge ist die Entwicklung von Hilfsstrategien wie z. B. Strategien des ziffernweisen Rechnens (Schipper, 2009, S. 336; Schulz, 2014, S. 130) „die in vielen Fällen unverstandene Rechentricks sind, […] zu denen häufig keine Grundvorstellungen aktiviert werden können und die nach (eigenen) Regeln eingesetzt werden“ (Wartha & Schulz, 2019, S. 46)[7]. Das mangelnde Verständnis kann somit „zu Übergeneralisierungen und Verwechslungen führen“ (ebd., S. 46). Eine Übergeneralisierung der Strategie des ziffernweisen Rechnens zeigt sich beispielsweise bei der Einführung und Bearbeitung von Subtraktionsaufgaben im Zahlenraum bis 100 wobei „hier […] die Absolutbeträge der Differenzen von Zehner- und Einerziffer bestimmt [werden]“ (ebd., S. 47), z. B. „85 – 67 = 22“ (ebd., S. 47). In diesem Zusammenhang erwähnt Schipper (2009) die Rechenstrategie „*schriftlich im Kopf*“ (S. 140), eine „Variante des ziffernweisen Rechnens“ (ebd., S. 140), welche mit ähnlichen Schwierigkeiten verbunden sind.

Neben den Grundvorstellungen zu Strategien können auch Grundvorstellungen zu Zahlen, sowie das Erkennen von Analogien, Umkehr- und Tauschaufgaben beeinträchtigt werden (Schipper, 2009, S. 335; Wartha & Schulz, 2019, S. 47), da Zahleigenschaften sowie Beziehungen zwischen Zahlen durch den aufwendigen Zählprozess aus dem Blickfeld geraten (Schipper, 2009, S. 335). Auch die Grundvorstellungen zu Operationen (z. B. Addition und Subtraktion) können sich durch das vorwärts- bzw. rückwärtszählende Rechnen „nur schwer entwickeln“ (Wartha & Schulz, 2019, S. 48). Somit spielt im Zusammenhang mit einer Diagnose und Förderung die Ablösung zählender Strategien durch operative Strategien eine wichtige Rolle (Schipper, 2009; Schulz, 2014; Wartha & Schulz, 2019). Daraus

---

[7] Schipper (2009) verweist hier auf ähnliche Fehler bei der Strategie „Stellenwerte extra“ und „ziffernweise extra“, wobei letztere auch ein Rechnen ohne Berücksichtigung der Stellenwerte implizieren kann (S. 140).

folgt die Notwendigkeit der Beobachtung, um „diejenigen Kinder zu identifizieren, die auf zählende Lösungsverfahren zurückgreifen" (Schulz, 2014, S. 129). Neben der Nutzung von Fingern, entwickeln rechenschwache Kinder, die mit ihrer Zahlauffassung lediglich zählend auf ein Ergebnis kommen, im Laufe der Zeit heimliche Zählmethoden, da das zählende Rechnen mit den Fingern ab einem bestimmten Zeitpunkt unerwünscht erscheint (Gaidoschik, 2020, S. 34). Merkmale des heimlich zählenden Rechnens sind in Tabelle 2.2 aufgeführt.

2.5.2 Schriftliche Rechenverfahren

Im Hinblick auf die Lerninhalte des dritten Schuljahres sei an dieser Stelle auf die Strategie des schriftlichen Rechnens verwiesen, welche häufig als „Krönung" bzw. „Höhepunkt des Rechenunterrichts" (Häsel-Weide & Nührenbörger, 2013, S. 44; siehe auch Götze, Selter, & Zannetin, 2019, S. 163) aufgefasst wird. Ein Vorteil der schriftlichen Rechenverfahren basiert auf der algorithmischen Abfolge von einzelnen Schritten, die an den Ziffern verschiedener Stellen ausgeführt werden. Dadurch bieten sie eine hohe Sicherheit beim Rechnen, welche sich insbesondere auf schwächere Schülerinnen und Schüler positiv auswirkt (Padberg & Benz, 2011, S. 219). Weiterhin „können sich die Schüler bei der Lösung von komplexeren Sachaufgaben stärker auf die *Sachsituation konzentrieren* als etwa beim Einsatz halbschriftlicher Strategien" (ebd., S. 219).

Bei schriftlichen Rechenverfahren liegt der Fokus auf einem stellenweisen „Rechnen mit *Ziffern*" (Scherer & Moser Opitz, 2010, S. 157). Dies „kann dazu führen, dass die Zahlen nicht mehr als *Ganzes*, sondern nur noch als eine Ansammlung von Ziffern aufgefasst werden" (Padberg & Benz, 2011, S. 221). Schriftliche Rechenverfahren tragen somit „nur wenig zur Unterstützung des *Zahlverständnisses* bei (vgl. auch Plunkett […] [1987]), da sie *nicht* auf ganzheitlichen Zahlvorstellungen basieren" (Padberg & Benz, 2011, S. 221).

Neben Vorteilen bringen diese Verfahren demnach auch Nachteile mit sich. Wartha und Benz (2015) halten fest, dass diese „nach der unterrichtlichen Behandlung in der dritten Jahrgangsstufe sehr häufig und auch unreflektiert eingesetzt [werden]" (S. 11), z. B. beim Lösen der Aufgabe „601 – 598", welche auch mit Hilfe von Kopfrechenstrategien berechnet werden könnte (ebd., S. 11). Dies ist unter anderem dadurch bedingt, dass solche stellen- bzw. ziffernweise Strategien „rein mechanisch *ohne Einsicht* in die Zusammenhänge korrekt durchgeführt werden [können]" (Padberg & Benz, 2011, S. 221).

Ein solches mechanisches Vorgehen kann beispielsweise dazu führen, dass ein auftretender „Fehler vom Kind auch dann nicht bemerkt wird, wenn als Ergebnis der ‚Weniger-Aufgabe' dann eine größere als die Ausgangszahl dasteht. Das ganze Verfahren wird ja ohne Gedanken an ein ‚Mehr' oder ‚Weniger' abgespult" (Gaidoschik, 2020, S. 53). Gaidoschik (2020) verwendet dabei den Begriff der „Dauerverwirrung beim schriftlichen Subtrahieren" (S. 53):

> Dieses rein „mechanische" Verständnis kann über weite Strecken gut funktionieren: Es muss dem Kind „nur" gelingen, durch viel Üben und dank seiner sonstigen geistigen Fähigkeiten alle diese unverstandenen „Regeln" zu behalten und sie nicht fortlaufend durcheinanderzubringen. (Gaidoschik, 2020, S. 49)

Durch die Einführung der schriftlichen Rechenverfahren im dritten Schuljahr, kann es im Zusammenhang mit den damit verbundenen mechanischen Prozeduren zunächst zu einer „Entlastung des Kindes" (Gaidoschik, 2020, S. 51) und einem „Zwischenhoch" (ebd., S. 51) kommen:

> In some cases, students survived (often with good grades!) by implementing well-learned mechanical procedures, in domains about which they understood virtually nothing. (Schoenfeld, 1985, S. 13)

Dies kann dazu führen, dass Schülerinnen und Schüler richtige Lösungen für bestimmte Aufgaben und Probleme finden, ohne die Strategie oder das Verfahren für den Lösungsweg verstanden zu haben. Somit sind diese algorithmischen Verfahren jedoch auch anfällig für Fehler (Padberg & Benz, 2011, S. 221). In Bezug auf eine Studie von Moser Opitz (2007) halten Scherer und Moser Opitz (2010) zusammenfassend fest, dass „lernschwache Schülerinnen und Schüler auch bei einfachen Kopfrechenaufgaben deutlich häufiger schriftliche Verfahren als Lernende ohne Schwierigkeiten [verwendeten]" (S. 157) und dabei „jedoch signifikant schlechtere Leistungen" (ebd., S. 157) erbrachten.

Obgleich das schriftliche Verfahren eine wichtige Rolle im Mathematikunterricht spielt, sollte der Fokus auf weitere Strategien nicht aus den Augen verloren werden um weiterhin das Zahl-, Stellenwert- und Operationsverständnis und einen flexiblen Einsatz von Rechenstrategien zu fördern (Häsel-Weide & Nührenbörger, 2013, S. 44 ff.; Scherer & Moser Opitz, 2010, S. 147 ff.).

Diagnose- und Interventionsverfahren 3

Im Hinblick auf die Identifikation von Kompetenzen sowie Hürden im Lernprozess von Schülerinnen und Schülern spielt der Begriff der Diagnose eine wichtige Rolle. Diese „[...] dient dazu, Schülerleistungen zu verstehen und einzuschätzen mit dem Ziel, angemessene pädagogische und didaktische Entscheidungen zu treffen" (Hußmann, Leuders, & Prediger, 2007, S. 1). Im Hinblick auf verschiedene Zeitpunkte der Diagnose nennen Hußmann et al. (2007) drei aufeinanderfolgende Diagnoseformen, die „Lernausgangs-, Lernprozess- und Lernergebnisdiagnose" (S. 1 f.).

Während die Lernausgangsdiagnose die „Lernausgangslage *zu Beginn* einer Lernphase" (ebd., S. 2), wie z. B. bereits vorhandene Kompetenzen und Schwierigkeiten widerspiegelt, geht es in der Lernprozessdiagnose um „die gründliche Beobachtung von Arbeitsprozessen und Einzelgesprächen mit Schülerinnen und Schülern" (ebd., S. 2). Am Ende einer Lerneinheit werden durch die Lernergebnisdiagnose Lernergebnisse beispielsweise durch die Durchführung eines Tests überprüft (ebd., S. 2). Im Hinblick auf das Konstrukt einer Rechenschwäche lassen sich die Lernausgangslage sowie das Profil rechenschwacher Kinder nicht eindeutig definieren:

> Rechenschwäche zeigt sich also in vielerlei Gestalt, in unterschiedlichen Situationen, bei diversen Gelegenheiten. Und nicht nur bei Rechenfehlern. Erst wenn die besondere Denkweise des rechenschwachen Schülers erkannt ist, können individuell angepasste Maßnahmen eingeleitet werden, die dem Schüler helfen. (Lorenz, 2003, S. 58)

Wichtig ist somit, „die Gruppe der ›Risikokinder‹ […] differenziert zu betrachten" (Scherer & Moser Opitz, 2010, S. 7) und ihre Kompetenzen, Schwierigkeiten

J. Knöppel, *Dyskalkulie als Phänomen in der Grundschule aus mathematikdidaktischer Perspektive,* BestMasters,
https://doi.org/10.1007/978-3-658-39006-8_3

und Denkweisen in einem Diagnoseverfahren, beginnend mit einer Lernausgangsdiagnose zu identifizieren (Hußmann, Leuders, & Prediger, 2007, S. 2). Dazu wurden verschiedene standardisierte Rechentests[1] sowie Diagnoseleitfäden entwickelt, welche unter anderem das Zahlverständnis, Operationsverständnis sowie das Rechnen und Rechenstrategien prüfen (z. B. Kaufmann & Wessolowski, 2015, S. 110 ff.; Lorenz & Radatz, 1993, S. 221 ff.; Wartha & Schulz, 2019, S. 93 ff.).

3.1 Diagnosetests

Es existieren unterschiedliche Arten von Tests und Testverfahren, um Schülerleistungen im Bereich der Mathematik zu erfassen. Zum einen dienen diese Tests der Überprüfung allgemeiner numerischer Basisfertigkeiten. Ein solcher Test, wie z. B. die „Neuropsychologische Testbatterie für Zahlenverarbeitung und Rechnen bei Kindern (ZAREKI)“ (Jacobs & Petermann, 2005, S. 58) wird dabei „zur Erfassung von Dyskalkulie bei Kindern im Alter von 7;6 bis 10;11 Jahren“ (ebd., S. 59) eingesetzt. Des Weiteren gibt es Tests, die sich an den curricularen Vorgaben des Lehrplans ausrichten, sogenannte „normierte Schulleistungstests“ (ebd., S. 51).

In dieser Arbeit wird dabei auf die Reihe der Deutschen Mathematiktests (kurz: DEMAT) zurückgegriffen, welche sich an den Mathematiklehrplänen aller Bundesländer in Deutschland orientieren (Krajewski, Liehm, & Schneider, 2004). Diese Tests bieten die Möglichkeit, „Rechenschwierigkeiten von jungen Grundschülern frühzeitig diagnostizieren zu können“ (Schneider, Küspert, & Krajewski, 2016, S. 155). Bei der Analyse der Testergebnisse, bzw. der Fehleranalyse nach Lorenz und Radatz (1993), ist neben der Betrachtung von Lösungen auch die Analyse möglicher Lösungswege von Bedeutung (Buchner, 2018, S. 15). Um den Fokus „auf den Prozess und nicht nur auf das Ergebnis [zu] richten“ (Buchner, 2018, S. 97), sollte ein Diagnosetest durch weitere diagnostische Gespräche beispielsweise im Rahmen einer „anschließende[n] Einzelfalldiagnostik“ (Krajewski, Liehm, & Schneider, 2004, S. 23) ergänzt werden (Götze, Selter, & Zannetin, 2019, S. 20 f., S. 167 ff.; Lorenz & Radatz, 1993, S. 61).

[1] Eine Übersicht standardisierter (Schulleistungs- bzw. Dyskalkulie-)Tests ist zu finden in Fischer, Roesch, & Moeller, 2017, S. 28 f.; Jacobs & Petermann, 2005, S. 54 ff.

3.2 Kompetenz- und prozessorientierte Diagnose

Obgleich das Ergebnisprofil standardisierter Testverfahren „erste **Hinweise** auf mögliche Problemschwerpunkte [...] [liefert]“ (Krajewski, Liehm, & Schneider, 2004, S. 23), reichen diese dennoch nicht aus, um Probleme in einzelnen Bereichen zu identifizieren. Um einen Einblick in die mathematischen Kompetenzen sowie Schwierigkeiten und Hürden von Schülerinnen und Schülern zu gewinnen, betonen verschiedene Autorinnen und Autoren die Notwendigkeit einer kompetenz- und prozessorientierten Diagnose (z. B. Götze, Selter, & Zannetin, 2019; Hess, 2012; Scherer, 2009; Schipper, 2009; Voßmeier, 2012; Wartha & Schulz, 2019). Schipper (2009) erklärt in diesem Zusammenhang, dass neben der „Identifikation fehlender bzw. unzureichender Vorkenntnisse und problematischer Lösungsprozesse [...] [auch] festgestellt werden muss [...], über welche Kompetenzen die Kinder verfügen“ (S. 342) um bei der Förderung entsprechend an vorhandenen Kompetenzen anzuknüpfen. „Der fokussierte Blick sowohl auf die vorhandenen Fähigkeiten als auch auf die Lösungsprozesse kann im Anschluss helfen, ein individuell passendes Förderkonzept zu entwerfen“ (Wartha & Schulz, 2019, S. 8).

Ein weiterer Aspekt ist, dass es sich bei der Diagnose von Schwierigkeiten und Hürden um einen Prozess handelt (z. B. Hußmann, Leuders, & Prediger, 2007, S. 2). Im Anschluss an die Durchführung von standardisierten Diagnosetests und einer kompetenz- und prozessorientierten Diagnose sollte auch während der Förderung ein Blick darauf gerichtet sein, wie das Kind beispielsweise mit mathematischen Inhalten umgeht, welche Strategien es nutzt, welche SEB aktiviert werden und wie diese mit dem Konzept der Grundvorstellungen in Verbindung gebracht werden können.

3.3 Interventionsverfahren

Zur Intervention und zur Förderung rechenschwacher Kinder existieren verschiedene Ansätze und Materialien. Sie orientieren sich verstärkt an den Inhalten aus dem mathematischen Inhaltsbereich der Arithmetik, die im Sinne der normativen Perspektive für den Aufbau weiterer Grundvorstellungen und mathematischer Fähigkeiten von Bedeutung sind. Im Zusammenhang mit einer Förderung von rechenschwachen Schülerinnen und Schülern hält Gaidoschik (2020) fest:

> „Rechenschwäche“ ist grundsätzlich „therapierbar“. Durch gezielte Maßnahmen können auch Kinder mit den beschriebenen umfassenden Schwierigkeiten ein Verständnis für die Grundschulmathematik entwickeln. (S. 116)

Allgemein ist es wichtig, die Diagnose und Förderung frühzeitig einzusetzen (Gaidoschik, 2020, S. 22 f.), um mögliche Schwierigkeiten und Hürden zu überwinden (Wartha, Hörhold, Kaltenbach, & Schu, 2019, S. 3). Dabei sei auf das Zusammenwirken der Diagnose und Förderung verwiesen: „Weder die diagnoselose Förderung noch die förderlose Diagnose sind zielführend. Stattdessen sollte *Diagnose förderorientiert* ausgerichtet sein und *Förderung diagnosegeleitet* erfolgen“ (Götze, Selter, & Zannetin, 2019, S. 19).

Ein weiteres Kriterium für eine individuelle Förderung ist die „[...] Einzelarbeit mit dem betroffenen Kind“ (Gaidoschik, 2020, S. 116), um z. B. im Rahmen begleitender diagnostischer Gespräche Denkweisen bzw. Denkprozesse und Strategien gezielt zu beobachten und zu verstehen (Gaidoschik, 2020, S. 134; Götze, Selter, & Zannetin, 2019, S. 12 f.; Wartha & Schulz, 2019, S. 8). In Anknüpfung daran

> [müssen] *auf der Ebene des Denkens* [...] die vorhandenen, oft bereits zur Gewohnheit verfestigten falschen und lückenhaften mathematischen Denkweisen aufgebrochen werden. [...] Schritt für Schritt muss dann von den neu gewonnenen Grundlagen aus ein *mathematischer Neuaufbau* erfolgen. Dieser hat die fehlerhaften Denkgewohnheiten des Kindes auf jeder Stufe zu berücksichtigen. (Gaidoschik, 2020, S. 139)

Im Sinne des in dieser Arbeit beschriebenen Konzepts der Grundvorstellungen und der Theorie der SEB gilt es zunächst die Vorstellungen der betrachteten Schülerin zu identifizieren und mögliche Hürden und Fehlvorstellungen aufzudecken (vom Hofe, 1992, S. 350). Eine weitere Komponente der Förderung ist somit, „Grundvorstellungen zu Zahlen und Operationen aufzubauen und dadurch zentrale mathematische Lernhürden zu bewältigen“ (Wartha, Hörhold, Kaltenbach, & Schu, 2019, S. 3), um das Verständnis mathematischer Inhalte zu fördern (vgl. Abbildung 2.1).

3.3.1 Aufbau von Grundvorstellungen

Im Sinne einer Förderung durch den Aufbau von Grundvorstellungen orientiert sich die Konzeption der Interventionseinheiten an der schrittweisen Entwicklung eines mathematischen Begriffs oder Inhalts im Sinne der kognitiven Entwicklung, von konkreten Handlungen über bildliche Repräsentationen bis hin zur symbolischen Notation (Bruner, 1971, S. 21). Dabei steht hier der Umgang mit geeignetem Material im Vordergrund. In Zusammenhang mit dem Einsatz von Materialien im Unterricht betont Schulz (2014), „dass die Ablösung vom konkreten Material hin zu mentalen Vorstellungsbildern und Operationen eine der Hauptaufgaben im Mathematikunterricht ist – und dass sich diese Ablösung nicht bei jedem Kind automatisch vollzieht“ (S. 295). Im Sinne von Bauersfeld (1983) lässt sich dies darauf zurückführen, dass die Verwendung von Arbeits- und Anschauungsmitteln einen neuen SEB eröffnet und somit bereichsspezifisch ist, und nicht automatisch mit bereits vorhandenen SEB verknüpft wird. Ein Wechsel der Darstellungen kann somit bei Kindern mit einer Rechenschwäche zu Schwierigkeiten führen. Dazu bedarf es der Unterstützung der Lehrkraft bei der Wahl verschiedener Arbeits- und Anschauungsmittel, bei der Einführung des Materials sowie der entsprechenden Vorbereitung mentaler Operationen, z. B. durch die Anregung zur Versprachlichung der Vorgehensweisen oder zu einem Wechsel der Darstellungen (Scherer, 1996, S. 55). Eine Möglichkeit, wie dieser Verinnerlichungsprozess und die „Entwicklung mentaler Vorstellungsbilder und Operationen“ (Schulz, 2014, S. 296) unterstützt und gefördert werden kann, bietet das Vierphasenmodell zum Aufbau von Grundvorstellungen (Tabelle 3.1).

Tabelle 3.1 Vierphasenmodell zum Aufbau von Grundvorstellungen (Wartha & Schulz, 2019, S. 63)

1.	**Das Kind handelt am geeigneten Material.** Die mathematische Bedeutung der Handlung wird beschrieben. Zentral: Versprachlichen der Handlung und der mathematischen Symbole.
2.	**Das Kind beschreibt die Materialhandlung mit Sicht auf das Material.** Es handelt jedoch nicht mehr selbst, sondern diktiert einem Partner die Handlung und kontrolliert den Handlungsprozess durch Beobachtung.
3.	**Das Kind beschreibt die Materialhandlung ohne Sicht auf das Material.** Für die Beschreibung der Handlung ist es darauf angewiesen, sich den Prozess am Material vorzustellen. Die Handlung wird – für das Kind nicht sichtbar – noch konkret durchgeführt.
4.	**Das Kind beschreibt die Materialhandlung „nur“ in der Vorstellung.** Bei symbolisch formulierten Aufgaben wird der Handlungszusammenhang aktiviert.

An diesem Modell orientiert sich der Einsatz von sowie der Umgang mit Arbeits- und Anschauungsmitteln in den Interventionseinheiten dieser Studie. Hier lässt sich die Verknüpfung verschiedener Darstellungsebenen mathematischer Inhalte realisieren. Dabei spielt sowohl im Sinne der Entwicklung eines Verständnisses, als auch bei der der Verknüpfung verschiedener SEB, die durch das Material und weitere Darstellungen eröffnet bzw. aktiviert werden, die Sprache und somit der Austausch über die Handlungen und Anschauungen eine wesentliche Rolle (Bauersfeld, 1983, 1985).

> Eine sprachliche Darstellung des Vorgehens ist für alle Schritte sinnvoll. Sie fördert den Verinnerlichungsprozess und dient vor allem der Selbststeuerung. Gleichzeitig ist sie für den Lerntherapeuten ein Kontrollmittel, inwieweit Verständnis für die Handlungsschritte aufgebaut ist. (Schulz, 2003, S. 438)

Im Anschluss an die drei Phasen mit entsprechenden Darstellungsebenen, nennen Lorenz (2003) sowie Wartha und Schulz (2011) eine vierte Phase der Automatisierung, welche dem Aufbau des arithmetischen Faktenwissens (z. B. Aufgaben im Zahlenraum bis 20 sowie das kleine Einmaleins) dient, um anschließend den „Rechenvorgang" (Lorenz, 2003, S. 27) in höheren Zahlräumen zu entlasten. In dieser Arbeit liegt der Fokus im Rahmen der Intervention zunächst auf dem Ausbau von Grundvorstellungen, sowie der Ausweitung bereits vorhandener Kompetenzen.

3.3.2 Auswahl des Materials

Um Grundvorstellungen aufzubauen (Abschn. 3.3.1) ist neben der Wahl der mathematischen Inhalte auch die Wahl des entsprechenden Materials von Bedeutung. Unter den Begriff des Materials fallen in dieser Arbeit sowohl Arbeits- als auch Anschauungsmittel. Dabei ist wichtig, dass das Material nicht nur als sogenannte *Lösungshilfe* zur Präsentation verschiedener Inhalte und Sachverhalte eingesetzt wird, sondern das Kind die Möglichkeit erhält, Handlungen an dem Material durchzuführen und diese im Prozess zu verinnerlichen (Bruner, 1971; Schipper, 2009, S. 111; Schulz, 2014, S. 51 ff.; Wartha & Schulz, 2019, S. 62 ff.). Arbeits- und Anschauungsmittel werden dann zur *Lernhilfe*, wenn sie nicht nur zur Lösung der Aufgaben verhelfen, sondern über die Struktur oder das „Lösungsschema" (Schipper, 2009, S. 291) der entsprechenden Handlungen und Bilder reflektiert wird. In diesem Kontext spielt auch im Sinne der SEB die Kommunikation über bzw. die Versprachlichung der Handlungen und Veranschaulichungen eine wichtige Rolle. Ein weiterer Aspekt besteht darin, die Anzahl gewählter Materialien gering zu halten und solches Material zu nutzen, „das in möglichst vielen Inhaltsbereichen verwendet werden kann" (Schipper, 2009, S. 294; siehe auch Kaufmann & Wessolowski, 2015; Scherer, 2009). Im Rahmen dieser Arbeit orientiert sich die Wahl des Materials an den Kriterien nach

Schipper (2009)[2]. Dazu werden in dieser Studie insbesondere Mehrsystemblöcke (Dienes-Material), strukturierte Punktefelder sowie der Rechenstrich verwendet. In Tabelle 3.2 werden die genannten Materialien mit einigen Einsatzmöglichkeiten dargestellt, die aus einer normativen Perspektive den Erwerb und Ausbau von Grundvorstellungen unterstützen.

Tabelle 3.2 Material und Einsatzmöglichkeiten

Material	Einsatzmöglichkeiten
Mehrsystemblöcke (z. B. Dienes-Material) (Arbeitsmittel)	– geeignet zur Entwicklung von Zahlvorstellungen (Schulz, 2003, S. 438), Kardinalzahlaspekt (Darstellung von Zahlen), Stellenwertsystem (Wartha, Hörhold, Kaltenbach, & Schu, 2019, S. 10) – Bündelungsprinzipien (Schulz, 2014, S. 294), Prinzip der fortgesetzten Bündelung (Scherer & Moser Opitz, 2010, S. 143) – Zehner- und Einer-Analogien (Wartha & Schulz, 2011, S. 12) – Verdoppeln und Halbieren
strukturierte Punktefelder (Anschauungsmittel)	– z. B. mit zusätzlicher Nutzung von Wendeplättchen: Kommutativität (Scherer, 2009, S. 166) – Zahlzerlegungen (Wartha, Hörhold, Kaltenbach, & Schu, 2019, S. 10) – „Ergänzen auf Zehnerzahlen" (Moser Opitz, 2007, S. 91), z. B. bis 10 / 20 / 100 – Zählen (in Schritten) (Kaufmann & Wessolowski, 2015, S. 49) – Kardinalzahlaspekt (Padberg & Benz, 2011, S. 62)
Rechenstrich (Anschauungsmittel)	– unterstützt das schrittweise Addieren und Subtrahieren (Padberg & Benz, 2011, S. 176) – Verdoppeln und Halbieren (Schipper, 2009, S. 133) – Einsatz beim Ergänzen (Padberg & Benz, 2011, S. 176)

[2] Für eine vollständige Ausführung der Auswahl-Kriterien siehe Schipper, 2009, S. 294.

Teil II
Empirischer Teil

Fallstudie

4

In dieser Arbeit wird in Anlehnung an den amerikanischen Case-Study-Ansatz nach Yin (2003) und Stake (1995) eine Einzelfallstudie durchgeführt. Bei diesem Ansatz werden „contemporary events" (Yin, 2003, S. 7) untersucht, wobei die Möglichkeit zur Kontrolle über die Geschehnisse beschränkt oder nicht vorhanden ist – „For the *case study*, this is when a ‚how' or ‚why' question is being asked about a contemporary set of events, over which the investigator has little or no control" (Yin, 2003, S. 9). Dabei handelt es sich in dieser Fallstudie um den individuellen Fall einer Grundschülerin mit attestierter Dyskalkulie, der näher untersucht wird und somit den Fokus der Analyse bildet: „For instance, in the classic case study, a ‚case' may be an individual. [...]. In each situation, an individual person is the case being studied, and the individual is the primary unit of analysis" (Yin, 2003, S. 22). Im Hinblick auf die Formulierung der Forschungsfragen und die in dieser Hinsicht gewählten Methoden zur Durchführung der Datenerhebung und -auswertung (Abschn. 4.1), handelt es sich in diesem Fall um eine explorative Fallstudie – „exploratory case study" (Yin, 2003, S. 6). Die Studie ist intrinsisch motiviert – „*intrinsic case study*" (Stake, 1995, S. 3) – da sie in erster Linie das Ziel verfolgt, ein Verständnis für einen Fall zu entwickeln und daraus etwas zu lernen (Stake, 1995, S. 1). Stake (1995) betont in diesem Zusammenhang den Fokus auf der Untersuchung eines einzelnen Falls: "The case could be a child. [...]. The case is one among others. In any given study, we will concentrate on the one" (S. 2). Der Schwerpunkt liegt somit darauf, einen

Ergänzende Information Die elektronische Version dieses Kapitels enthält Zusatzmaterial, auf das über folgenden Link zugegriffen werden kann https://doi.org/10.1007/978-3-658-39006-8_4.

J. Knöppel, *Dyskalkulie als Phänomen in der Grundschule aus mathematikdidaktischer Perspektive*, BestMasters,
https://doi.org/10.1007/978-3-658-39006-8_4

Einzelfall genau zu betrachten, um daraus Erkenntnisse zu gewinnen und neue Forschungsfragen zu generieren (ebd., S. 4).

4.1 Methodisches Vorgehen bei der Datenerhebung und -auswertung

Eine wichtige Komponente des Case-Study-Ansatzes nach Yin (2003) und Stake (1995) stellen die Daten dar, die im Rahmen der Fallstudie erhoben wurden. Diese dienen zum einen der Beantwortung der in Abschnitt 1.2 formulierten Forschungsfragen, andererseits können sie auch Ansätze für weitere Forschungsanliegen bieten. So wie Yin und Stake es vorschlagen, wird in dieser Fallstudie auf verschiedenes Datenmaterial – „multiple sources of evidence" (Yin, 2003, S. 97) – zurückgegriffen, welches aufgrund der Covid-19-Pandemie im Rahmen von Videokonferenzen und Präsenztreffen unter Beachtung der Hygienevorschriften erhoben wurde. Sowohl die Online-Gespräche als auch die Gespräche während der Präsenztreffen mit der Schülerin, wurden audiographiert. Im Rahmen der Datenauswertung wurden neben protokollierenden Zusammenfassungen wörtliche Transkripte zu Schlüsselszenen erstellt, die in Teilen in dieser Arbeit vorgestellt und analysiert werden. Dabei orientiert sich die Vorgehensweise beim Transkribieren an den Transkriptionsregeln nach Meyer (2010) und Pielsticker (2020, S. 87 f.).

Einen wichtigen Beitrag zur Kontextuierung der Fallstudie leisten die Experteninterviews, die im Rahmen der Studie mit den beteiligten Personen durchgeführt wurden (Stake, 1995, S. 64 ff.; Strübing, 2018, S. 107). Da es sich um den Fall einer Grundschülerin handelt, werden zunächst Experteninterviews mit ihren Bezugspersonen, den Eltern und der betreuenden Lehrkraft geführt. Diese bieten die Möglichkeit, verschiedene Perspektiven des Falls näher kennenzulernen – „The interview is the main road to multiple realities" (Stake, 1995, S. 64). Neben der Kontextuierung dienen sie im Rahmen dieser Fallstudie hauptsächlich der Beschreibung des Forschungssettings sowie der Validierung der Analyseergebnisse.

Für die Experteninterviews wurde jeweils ein Leitfaden erstellt, welcher sich in drei Teilblöcke untergliedern lässt. Die Fragen orientieren sich (1) am Mathematikbild der Eltern und der Lehrkraft, (2) den eigenen Einschätzungen des Kindes sowie (3) den bisherigen Erfahrungen mit Diagnoseverfahren und der Förderung des Kindes. Im Rahmen dieser Arbeit werden insbesondere die Aussagen der Eltern zu Kategorien (2) und (3) betrachtet, wobei hier die „inhaltlich-thematische Ebene im Vordergrund steht" (Mayring, 2016, S. 91). Wie Stake

(1995) beschreibt, ist es nicht das Ziel, die Gedanken und Aussagen der interviewten Personen wortwörtlich wiederzugeben. Vielmehr ist es von Bedeutung die Inhalte ihrer Aussagen und Gedanken darzustellen – „it is what they mean that is important" (ebd., S. 66).

In Abbildung 4.1 ist das methodische Vorgehen bei der Datenerhebung und -auswertung der Auswertungseinheiten[1] zusammenfassend dargestellt (Mayring, 2015, S. 61).

Im Sinne der ersten Forschungsfrage zum Mathematikbild der Schülerin wird ein Experteninterview in Präsenz durchgeführt. Anschließend wird das Interview transkribiert und in Anlehnung an den Vorgehensweisen der qualitativen Inhaltsanalyse nach Mayring (2015) analysiert[2]. Die Aussagen der Schülerin werden entsprechend induktiv zusammenfassend kategorisiert und durch Ankerbeispiele gekennzeichnet. Diese Kategorien werden im Folgenden im Sinne von Erfahrungswelten in der Mathematik als SEB der Schülerin aufgefasst. Auf diese Kategorien kann im Anschluss im Rahmen der Beschreibung von Lernprozessen zurückgegriffen werden.

Im Hinblick auf die zweite Forschungsfrage zu den Schwierigkeiten und Hürden im Lernprozess der Schülerin, wird zunächst ein Diagnosetest (DEMAT 2+; Krajewski, Liehm, & Schneider, 2004) durchgeführt. Anschließend wird der Test, ein sogenanntes „physical artifact" (Yin, 2003, S. 96) in Form eines schriftlichen Dokumentes, ausgewertet und die Lösungen sowie mögliche Lösungswege analysiert (Buchner, 2018, S. 97). Neben dem Test werden diagnostische Gespräche in Anlehnung an einen Diagnoseleitfaden geführt, welcher in Ergänzung zu dem Diagnosetest das Zahlverständnis, Operationsverständnis sowie das Rechnen und Rechenstrategien der Schülerin untersucht (Kaufmann & Wessolowski, 2015; Wartha & Schulz, 2019). Dabei werden die Daten im Rahmen einer sogenannten „participant-observation" (Yin, 2003, S. 93), der „teilnehmende[n] Beobachtung" (Mayring, 2015, S. 33) erhoben. In diesem Fall ist die Beobachterin in Form der Interaktion mit der Schülerin aktiv in das Geschehen mit eingebunden. In den diagnostischen Gesprächen wird die Schülerin dabei ermutigt, „ihren Lösungsprozess zu versprachlichen (‚Lautes Denken')" (Schipper, 2009, S. 343).

Im Anschluss werden die Schwierigkeiten und Hürden im Lernprozess der Schülerin im Rahmen einer Kompetenz- und Fehleranalyse kategorisiert. Dabei handelt es sich in beiden Fällen um eine deduktive Kategorisierung, da sowohl

[1] Die Kodiereinheit (min.) umfasst einzelne Wörter, die Kontexteinheit (max.) umfasst das gesamte Datenmaterial, welches im Rahmen der Fallstudie erhoben wurde.

[2] Diese orientiert sich an dem Ablaufmodell einer zusammenfassenden Inhaltsanalyse nach Mayring, 2015, S. 70.

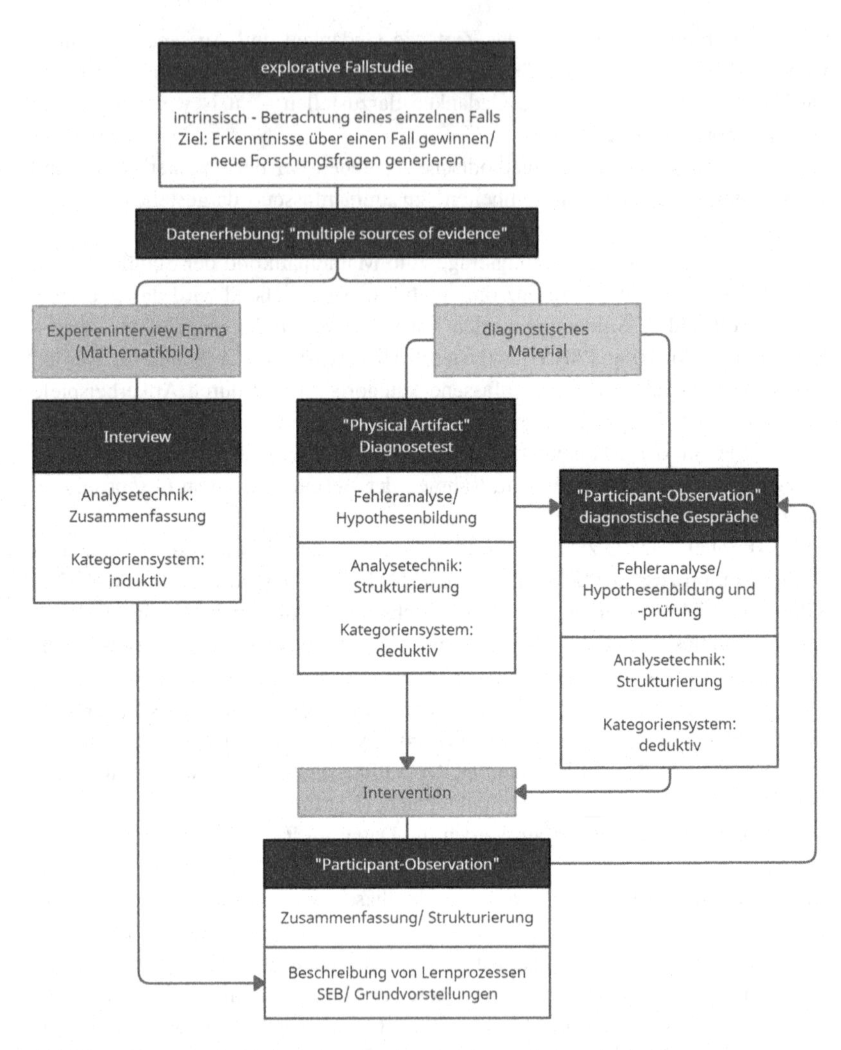

Abbildung 4.1 Methodisches Vorgehen bei der Datenerhebung und -auswertung

beim Test, als auch beim Diagnoseleitfaden, die Inhalte und Kategorien durch den Leitfaden und die theoretische Fundierung der Hürden festgelegt sind (Abschn. 2.5). Im Rahmen einer Fehleranalyse werden aus den Fehlern im DEMAT-Test erste Hypothesen über Strategien, „zugrunde liegende Denkprozesse“ (Lorenz, 2003, S. 17) und mögliche „Lernschwierigkeiten [...] beim Lösen von mathematischen Aufgaben“ (Lorenz & Radatz, 1993, S. 59) formuliert. Diese werden im Verlauf der diagnostischen Gespräche geprüft und durch neue Hypothesen ergänzt.

Da die Diagnose und Förderung nicht getrennt voneinander betrachtet werden können (Götze, Selter, & Zannetin, 2019; Häsel-Weide & Nührenbörger, 2013), werden auch während der Intervention bzw. Förderung, Daten in Form von Gesprächsaufnahmen aus einer teilnehmenden Beobachtung erhoben. Im Sinne der dritten Forschungsfrage nach den Lernfortschritten, geht es dabei insbesondere um die Beschreibung der Lernprozesse der Schülerin. Die Daten aus ausgewählten Fördereinheiten werden zur Rekonstruktion der Schülerperspektive mithilfe der Theorie der SEB und aus normativer Perspektive in Bezug zu den in Abschnitt 2.4 formulierten Grundvorstellungen beschrieben.

Am Ende der Interventionseinheiten wird der DEMAT 2+ Test (Krajewski, Liehm, & Schneider, 2004) in Form eines Post-Tests erneut durchgeführt und die Ergebnisse zum Vergleich bzw. der Validierung der Lernfortschritte bzw. Lernergebnisse hinzugezogen.

4.2 Beschreibung des Forschungssettings

Eine Komponente für die Erhebung und Auswertung von Daten stellt die Beschreibung des Forschungssettings dar, in dem die Studie durchgeführt wird (Stake, 1995, S. 53). Im Rahmen dieser Fallstudie wird Kontakt zu einer Familie aufgenommen, die dazu bereit ist, ihre Erfahrungen zur Dyskalkulie bzw. Rechenschwäche zu teilen. Die Familie wird über einen Zeitraum von ungefähr drei Monaten von Anfang Februar bis Anfang Mai begleitet. Während die Experteninterviews mit den Eltern und der Lehrkraft im Online-Format durchgeführt werden, finden die Treffen mit der Schülerin in Präsenz, in regelmäßigen Abständen von einer Woche, jeweils freitags nachmittags in den Räumlichkeiten der Familie statt[3]. Ein Treffen dauert zwischen 30 und 50 Minuten, je nachdem welche Inhalte behandelt werden und welchen Rahmen diese erfordern. Zu

[3] Ein detaillierter Ablauf- und Beobachtungsplan der Präsenztreffen ist in Anhang G im elektronischen Zusatzmaterial einsehbar.

Beginn der Interventionseinheiten sowie in den Schulferien werden teilweise zwei Termine pro Woche vereinbart.

Zur weiteren Beschreibung des Forschungssettings werden im Folgenden einzelne Aspekte aus den Experteninterviews, sowie eigene erste Beobachtungen aus den Präsenztreffen hinzugezogen. Die untersuchte Schülerin, Emma Meier[4] ist zu Beginn der Studie 8;6 Jahre alt und besucht die dritte Klasse. Dabei ist hier zu vermerken, dass die Fallstudie zu Zeiten der Covid-19-Pandemie durchgeführt wird. In diesem Zusammenhang wird bereits im zweiten, so wie im dritten Schuljahr, je nach aktuell geltender Verordnung zu Hause im Distanzunterricht bzw. im Wechselunterricht unterrichtet. Auch im Zeitraum der Studie findet aufgrund der Covid-19-Pandemie der Unterricht entweder in Distanz oder im Wechselunterricht an zwei bis drei Präsenztagen pro Woche statt. Im Distanzunterricht arbeitet die Schülerin zu Hause an Wochenplänen und wird von ihren Eltern unterrichtet bzw. bei den Aufgaben unterstützt.

Im zweiten Halbjahr der ersten Klasse stellten die Eltern fest, dass ihre Tochter Emma Schwierigkeiten im Fach Mathematik hat, und begannen bereits in den Sommerferien nach dem ersten Schuljahr mit der Wiederholung des Lernstoffes im Zahlenraum bis 20. Im Rahmen einer Behandlung in einer Kinder- und jugendpsychiatrischen Praxis, aufgrund einer vermuteten ADHS, wurden in einem umfassenden Testverfahren unter anderem ein Intelligenztest sowie auch der ZAREKI-R Test durchgeführt. In diesem Verfahren wurde neben einer einfachen Aktivitäts- und Aufmerksamkeitsstörung (ICD-10 F90.0) auch eine Dyskalkulie (ICD-10 F81.2) diagnostiziert. Die Dyskalkulie ergibt sich nach den Kriterien der ICD-10 aus einer Diskrepanz zwischen dem Intelligenzquotienten (Gesamt-IQ von 98, bei einem durchschnittlichen IQ-Bereich zwischen 85 und 115) und dem unterdurchschnittlichen Testergebnis des ZAREKI-R (Gesamt-PR von 2 bei einem Normbereich von 15–85). Im Zusammenhang mit dieser Diagnose wird die Notwendigkeit eines zusätzlichen Förderunterrichts, außerschulischer Therapiemaßnahmen, sowie eine Berücksichtigung der Schwäche im schulischen Bereich betont. Einen Verweis darauf, wie die Umsetzung dieser Empfehlung aussehen soll, erfolgt nach Aussagen der Eltern jedoch nicht. Aus ihrer Sicht erhalten sie wenig Unterstützung von Seiten der Schule bzw. der behandelnden Ärzte. Sowohl die Eltern als auch die Lehrkraft erwähnen, dass Emmas Grundschule keine zusätzliche Form von Förderung beispielsweise durch Förderstunden anbietet.

Darüber hinaus stellt sich im Experteninterview heraus, dass die Diagnose der Dyskalkulie und die damit verbundenen Empfehlungen für Unsicherheit bei den

[4] Die Namen aller beteiligten Personen wurden anonymisiert.

Eltern sorgen. An dieser Stelle sei zu erwähnen, dass sich nach Aussagen der Eltern die Leistungen und Noten der Schülerin im Fach Mathematik in den letzten Monaten deutlich gebessert hätten, anders als beispielsweise beim Schreiben im Fach Deutsch, welches ihr ebenfalls Schwierigkeiten bereitet. Auch Emmas Einstellung zum Fach Mathematik hätte sich zum Positiven gebessert. In diesem Zusammenhang erwähnen die Eltern, dass sie zu diesem Zeitpunkt mit der medikamentösen Behandlung der ADHS begonnen hätten und nun Unsicherheiten bestünden, ob die Schwierigkeiten im Fach Mathematik möglicherweise auf Konzentrationsschwächen zurückzuführen seien[5].

Im Zusammenhang mit diesen Unsicherheiten bietet der in Abschnitt 2.1.2 formulierte Ansatz die Möglichkeit, anstelle der Diagnose einer Dyskalkulie oder Rechenschwäche auf Grundlage des Diskrepanzkriteriums, die Kompetenzen und Schwierigkeiten bzw. Hürden im Lernprozess der Schülerin aus einer mathematikdidaktischen Perspektive zu untersuchen und zu beschreiben, um Ansätze für eine mögliche Förderung und weitere Unterstützung zu liefern.

4.3 Das Mathematikbild der Schülerin

Das Experteninterview mit der Schülerin dient zum einen dem Kennenlernen sowie dazu, einen ersten Einblick in die Denkweisen der Schülerin zu gewinnen (Götze, Selter, & Zannetin, 2019, S. 167). Zum anderen dient es der Erfassung ihrer Vorstellungen von Mathematik, wobei im weiteren Verlauf ebenfalls der Begriff eines *Mathematikbildes* verwendet wird. Um das Alter und die Aufmerksamkeitsspanne der Schülerin zu berücksichtigen, wird das Interview in zwei Teilinterviews untergliedert, welche im Abstand von einer Woche in Präsenz durchgeführt werden[6]. Das Interview wird entsprechend kindgerecht gestaltet – neben offenen Fragen werden auch Handlungsmaterial (geometrische Formen) sowie Bilder mit eingebracht (Söbbeke & Steinbring, 2004, S. 29; Voßmeier, 2012, S. 58).

Im ersten Teil des Interviews geht es um ein gegenseitiges Kennenlernen, um eine Basis für die Zusammenarbeit zu schaffen. Im Anschluss daran geht

[5] Im Rahmen dieser Arbeit wird der Fokus primär auf die Identifikation von Hürden im Lernprozess, sowie die Beschreibung von Lernprozessen gelegt, wobei der Aspekt der ADHS nicht vertieft wird. Da die Schülerin jedoch nach Aussagen der Eltern seit einigen Monaten Tabletten einnimmt, welche die Konzentrationsleistung der Schülerin steigern, wurde diese in den Beobachtungen dokumentiert.

[6] Auszüge aus den Leitfäden und Protokollen bzw. Transkripten befinden sich in Anhang F und G im elektronischen Zusatzmaterial.

es darum, nähere Informationen über die Vorstellungen von Mathematik der Schülerin zu erhalten. Insbesondere im Rahmen einer kompetenzorientierten Diagnose und einer anschließenden Förderung (Götze, Selter, & Zannetin, 2019, S. 17; Wartha & Schulz, 2019, S. 21), ist es notwendig, die „individuellen Wege und Zugänge der Kinder, ihr (Vor-)Wissen und ihre Vorstellungen nicht nur [zu *berücksichtigen*], sondern auch [zu *nutzen*]“ (Söbbeke & Steinbring, 2004, S. 26). Im Hinblick auf das Konstrukt der Rechenschwäche erscheint es hier besonders interessant, die Vorstellungen von Mathematik bei einer Grundschülerin mit attestierter Dyskalkulie zu identifizieren und mögliche SEB zu beschreiben.

Dabei wird die Schülerin neben offenen Fragen auch durch Bilder zu verschiedenen Situationen zum Nachdenken über die Mathematik angeregt. Sowohl die Bilder als auch weitere Fragen zur Vorstellung von Mathematik sind in Anlehnung an den Fragebogen von Söbbeke und Steinbring (2004, S. 29) entstanden. In einer zusammenfassenden, qualitativen Inhaltsanalyse der Transkripte (Treffen 1; 2) werden aus den Aussagen der Schülerin induktiv[7] Kategorien zu ihren Erfahrungswelten bzw. SEB in Bezug zur Mathematik gebildet (Mayring, 2015). Diese Kategorien sind in Abbildung 4.2 zusammenfassend dargestellt.

Ankerbeispiele für eine entsprechende Kategorie sind in Form von Aussagen der Schülerin festgehalten. Im Verlauf der Inhaltsanalyse werden diese zu Kategorien zusammengefasst, welche sich wiederum den Hauptkategorien der *Welt der Zahlen, Größen*, und *Welt der Formen* zuordnen lassen. Diese können wiederum den entsprechenden Inhaltsbereichen der Grundschulmathematik zugeordnet werden (Arithmetik, Größen und Sachrechnen, Geometrie) (Abschn. 2.2). Obgleich die Schülerin zunächst keinen direkten Bezug zur Mathematik als Unterrichtsfach in der Schule aufbaut, so wie es die Eltern vermuten, und sie erst zum Ende des ersten Interviews erwähnt, dass die Schule wichtig sei, um Mathematik zu lernen (Treffen 1, 28:16), kommt dieses anhand der genannten Hauptkategorien zum Vorschein.

Diese Hauptkategorien lassen sich in weitere Unterkategorien untergliedern (Abbildung 4.2). Im Folgenden werden einige dieser Kategorien durch Ankerbeispiele aus den Transkripten näher erläutert und analysiert. Dabei wird an dieser Stelle zunächst auf Emmas Definition von Mathematik eingegangen (Tabelle 4.1).

Wie Emmas Eltern bereits vermuten, wird in diesem Ausschnitt aus dem Transkript zum ersten Interview deutlich, dass sie die Mathematik als eine *Welt der Zahlen* auffasst, wobei diese Kategorie bzw. dieser SEB alle Situationen und

[7] Hier ist zu vermerken, dass die Aussagen der Schülerin zum Teil durch die vorgelegten Bilder sowie das Material gelenkt werden. Die Aussagen, die sich auf die Bilder beziehen sind weiß gefärbt, während die grau gefärbten Aussagen keinen direkten Bezug zu den Bildern aufweisen.

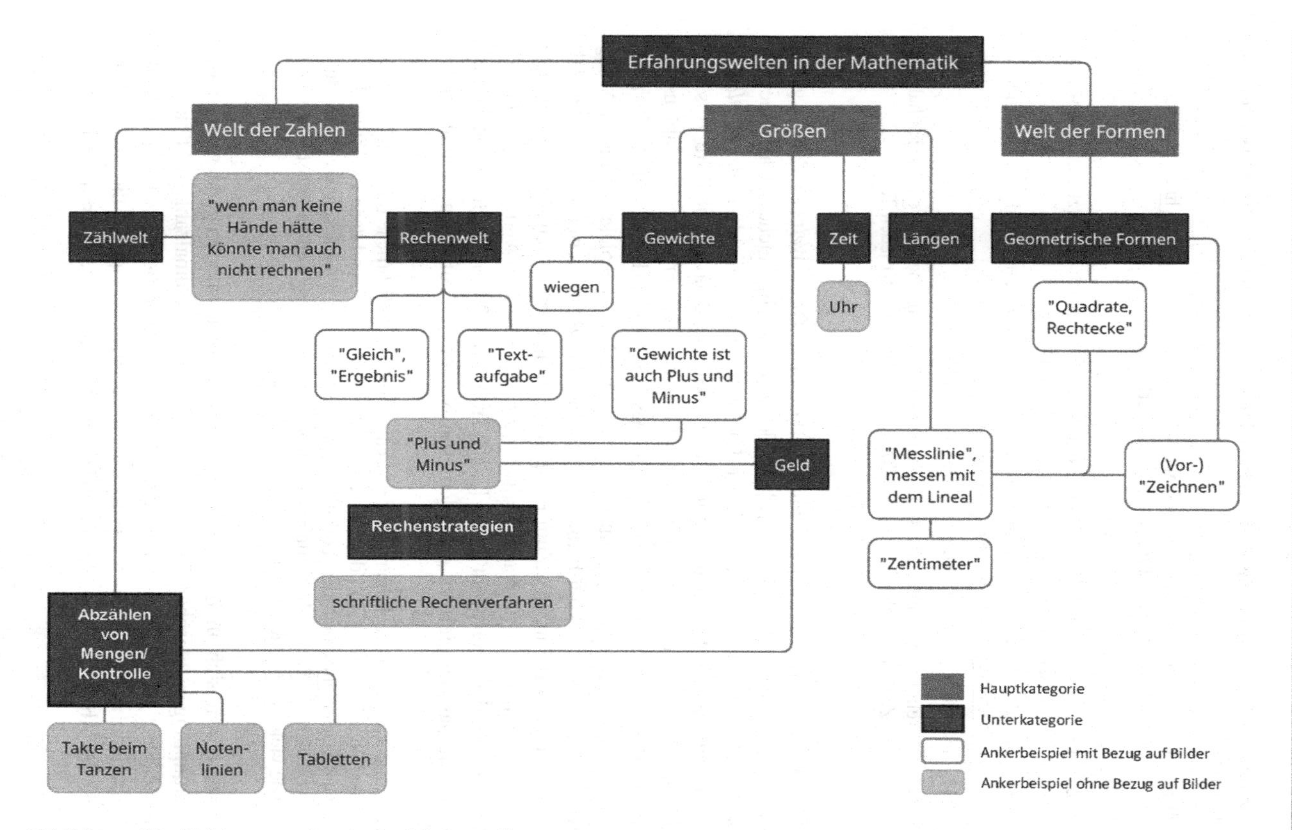

Abbildung 4.2 Erfahrungswelten in der Mathematik

Tabelle 4.1 Transkriptauszug zu Emmas Definition von Mathematik (I: Interviewerin, E: Emma)

09:17	I	[…] du hast jetzt grad gesagt – weil du mir dann in Mathe hilfst... ehm – hast du eigentlich ne Idee was Mathe überhaupt ist‘
09:26	E	(*schnell*) nein‘.. Mathematik‘
09:27	I	mhm – kannst du mir vielleicht mal so –.. wenn ich das jetzt gar nicht wüsste was das is – wie würdest du mir das, sagen.
09:35	E	also das ist halt Plus und Minus – und das ist halt, mit Zahlen –, nicht mit Buchstaben so wie halt in Deutsch –
09:41	I	mh –.. okay., hast du noch ne – irgendeine Idee‘
09:47	E	ehm – man, man könnte Zahlen lernen so wie meine Schwester – ich hab ihr Zahlen (gezeigt?) von 1 bis 20., und die übt sie jetzt jeden Tag.

Kontexte einbindet, in denen Zahlen vorkommen. Diese *Welt der Zahlen* grenzt sie vom Unterrichtsfach Deutsch bzw. der Sprache ab, welche sie als eine *Welt der Buchstaben* beschreibt. Darüber hinaus lässt sich die *Welt der Zahlen* in zwei weitere Kategorien untergliedern. Dahingehend lassen sich die Aussagen der Schülerin zunächst zu einem SEB mit einem Schwerpunkt des Zählens, der *Zählwelt* zusammenfassen (Bauersfeld, 1983, S. 16). In Bezug auf die *Zählwelt* nennt Emma im Verlauf des Interviews verschiedene Beispiele aus ihrem Alltag, wie z. B. das Tanzen. Hier betont sie die Notwendigkeit, im richtigen Takt zu zählen, um richtig zu tanzen: „Zum Beispiel wenn man jetzt – ich beim Tanzen dann muss ich immer in – nem acht – also immer bei 8 zählen. weil – […] wenn man bis 10 zählt dann ver(pennt?) was […]“ (Treffen 1, 22:00). Im Bereich der Musik nennt sie das Beispiel des Abzählens von Notenlinien auf einem Notenblatt:

> dann, muss ich ja auch immer erst wissen –, hier wie viele Striche brauch ich., hier. hast du n Notenblatt‘ [...] da sind ja auch immer Striche. .. und dann merkst du das sind ja vier fünf., und hier merkst du ja auch wieder 1 2 3 4 Lücken aber wenn du jetzt nicht weißt was, Notenlinien sind hast du ein Problem weil du musst ja wissen wie viele Notenlinien das sind. (Treffen 1, 26:54)

Dabei lassen sich in den bereits genannten, sowie den folgenden Beispielen Verknüpfungen zwischen Zahlaspekten, z. B. dem Ordinalzahlaspekt im Sinne des Zählens, sowie dem Kardinalzahlaspekt im Sinne der Anzahl einer Menge feststellen. Im Verlauf des Interviews nennt sie weitere Aspekte, die sich als Kategorie des Abzählens von Mengen zusammenfassen lassen. Während es beim Arzt darum geht, die richtige Menge an Tabletten einzunehmen (Treffen 2), erwähnt sie die Vorgabe einer Anzahl auch im Kontext von Gewichten.

14:21	E	mh – hat das. weil's ja auch mit Gewichten., und Gewichte ist auch äh Plus und Minus. weil das Auto darf ja nicht ähm, darf halt keinen platten Reifen kriegen oder einsinken und dann fährt das halt nicht mehr. deswegen gibt's ne bestimmte Anzahl wieviel in das Auto kommt.

Neben dem SEB der *Zählwelt* lassen sich hier auch Hinweise auf einen SEB der *Rechenwelt* identifizieren. Dabei nennt sie, wie bereits in ihrer Definition von Mathematik (Tabelle 4.1), die Rechenoperationen der Addition und Subtraktion. Darüber hinaus lassen sich in dieser Aussage Verknüpfungen zwischen den Erfahrungswelten der Größen und des Rechnens erkennen, welche sich möglicherweise auf die Inhaltsbereiche und Aufgaben des Mathematikunterrichts, sowie Emmas Erfahrungen aus dem Alltag zurückführen lassen. Eine Verknüpfung zwischen der *Zähl-* und *Rechenwelt* stellen in diesem Fall die Hände dar.

20:30	E	weil – man muss rechnen sonst kann man ja auch nicht ähm – weil – wenn man keine Hände hätte könnte man auch nicht rechnen.

Neben dem Aspekt des Zählens nennt die Schülerin den Aspekt des „Rechnen[s] von Aufgaben" (Söbbeke & Steinbring, 2004, S. 37), als sie gefragt wird, „ob das [Bild] was mit Mathe zu tun hat" (16:07) (Abbildung 4.3).

Abbildung 4.3 Rechenpäckchen (vgl. Söbbeke & Steinbring, 2004, S. 29)

a)		b)		
	70 - 30 =		81 - 2	☐ 75
	73 - 33 =		81 - 4	☐ 75
	83 - 43 =		81 - 6	☐ 75
	84 - 42 =		81 - 8	☐ 75
	94 - 54 =		81 - 10	☐ 75

In diesem Transkriptauszug (Tabelle 4.2) werden zwei Aspekte deutlich: Zunächst muss die Schülerin nicht lange überlegen, um das gezeigte Bild der Mathematik zuzuordnen, da es sich in ihre Vorstellung von Mathematik als *Welt der Zahlen* und hier konkret in ihren Erfahrungsbereich des Rechnens einordnen lässt, so wie es ihr aus dem Kontext der Grundschulmathematik bekannt ist. Ein weiterer Aspekt spiegelt sich im zweiten Teil des Transkriptauszugs wider. Als die Schülerin gefragt wird, ob ihr bei den Aufgaben etwas auffällt, verweist sie

Tabelle 4.2 Transkriptauszug zum Rechnen und strukturellen Aspekten einer Rechnung

16:15	E	(*schnell*) hat es.
16:16	I	hat es', *(lacht)* okay. was denkst du wieso hat das was mit Mathe zu tun.
16:21	E	weil Mathe –.. ist auch was mit Rechnen.
16:25	I	mhm –
16:31	E	und weil das auch wieder Zahlen sind sondern nicht Buchstaben. *(hier geht die Stimme hoch)*
16:35	I	mhm – okay... siehst du hier – fällt dir irgendwas auf wenn du diese Aufgaben also du musst die jetzt nicht ausrechnen aber –, fällt dir irgendwas auf'
16:44	E	Gleich – *(tippt auf die Stelle, Abbildung 4.3, rechts)*.. Gleich fehlt.
16:50	I	das Gleich fehlt'
16:52	E	mhm –
16:53	I	mhm... okay., und hier auf der Seite fällt dir da irgendwas auf'
16:58	E	das Ergebnis.
16:59	I	das Ergebnis fehlt' mhm', okay und wenn du dir die Zahlen mal so genauer anguckst siehst du da irgendwas'
17:10	E	(4sec) (*verneint*) mm.

in ihren Aussagen hauptsächlich auf die Notation. In Teilaufgabe b) fehlt ihren Aussagen zufolge das Gleichheitszeichen (16:44), obwohl die Gleichheit nicht in allen Aufgaben gegeben ist, während in Teilaufgabe a) das Ergebnis fehlt (16:58). Dabei geht sie nicht auf Eigenschaften bzw. Analogien der Zahlen und Aufgaben ein, als sie gefragt wird, ob ihr etwas bei den Zahlen auffällt (16:59). Dies kann mitunter daran liegen, dass sie nicht aufgefordert wird, die Aufgabe auszurechen und somit den Fokus auf die Aufgabenstruktur legt und dabei z. B. keine Analogien erkennt, die einen Vergleich der Aufgaben bzw. Zahlen ermöglichen.

In einem letzten Bild wird ein Spiel vorgestellt, bei dem es darum geht, nacheinander Plättchen zu entfernen (Abbildung 4.4). In diesem Zusammenhang behauptet Emma, dass das Spiel etwas mit Mathematik zu tun hat, da es sich um eine „Minus-Aufgabe" (18:49) handelt.

Auf Nachfrage übersetzt sie den Anwendungskontext in die symbolische Sprache der Mathematik, in Form der Subtraktionsaufgabe „10 – 9" (Tabelle 4.3, 18:57), welche sich darauf beziehen lässt, dass am Ende des Spiels ein Plättchen übrigbleibt. Hier zeigt sich, dass die Begriffe „entferne" sowie „übrig" (18:36) vermutlich ihrem Erfahrungsbereich der Subtraktion zugehören. In einer weiteren

Abbildung 4.4 Spielfeld (vgl. Söbbeke & Steinbring, 2004, S. 29)

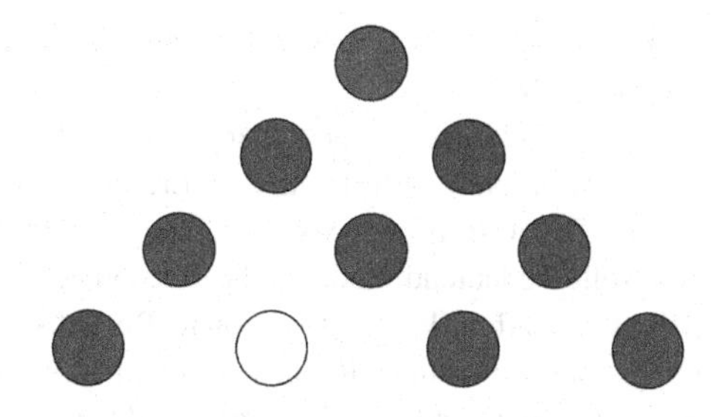

Tabelle 4.3 Transkriptauszug zu den Darstellungsebenen einer Subtraktions-Aufgabe

18:36	I	[…] springe immer über ein Plättchen auf ein freies Feld., entferne das übersprungene Plättchen., am Schluss soll nur ein Plättchen übrig bleiben. *(vgl. Söbbeke & Steinbring, 2004, S. 29)*
18:49	E	… würd ich sagen. ist ne Minus-Aufgabe.
18:52	I	ah ist Minus-Aufgabe' okay', mhm und was muss man da Minus rechnen'
18:57	E	ehm – (6sec) 10 minus ehm 9.
19:09	I	mhm –
19:10	E	also es waren mal 10 und jetzt sind's 9.

Aussage, versucht sie das Ergebnis der Aufgabe in ihren Worten wiederzugeben, möglicherweise im Hinblick auf das Bild, und bezieht sich dabei jedoch auf das Ergebnis der Rechnung „10 – 1", wobei nach einem Schritt ein Plättchen abgezogen wird und somit 9 übrigbleiben (19:10). Diese Aussagen der Schülerin können einerseits auf die Struktur des Bildes zurückzuführen sein, in dem durch die Festlegung der Farben beide Aufgaben zu sehen sind („10 – 9" und „10 – 1"). Andererseits können die Aussagen auf Schwierigkeiten beim Wechsel zwischen dem mathematischen Term und der sprachlichen Erklärung hinweisen. Hier gilt es, im weiteren Verlauf der Diagnose und Förderung besonders auf die Darstellungen der Schülerin sowie ihre Interpretationen beim Darstellungswechsel zu achten, um weitere Schlüsse ziehen zu können. In diesem Zusammenhang ist es interessant zu untersuchen, wie die Schülerin in anderen Kontexten mit dem Erfinden und Lösen von Rechengeschichten umgeht.

Insgesamt zeigt sich in der Analyse und Kategorisierung der Aussagen der Schülerin, dass sich in ihrer Vorstellung von Mathematik sowohl die *Welt der Zahlen* als auch das Zählen widerspiegeln, so wie es auch Söbbeke und Steinbring

(2004), in einer Analyse von Mathematikvorstellungen von Grundschulkindern, festhalten (S. 37).

Aus Abbildung 4.2 geht hervor, dass die *Welt der Zahlen* sowie die *Zählwelt* eine wichtige Rolle in den Erfahrungen der Schülerin spielen. Während in der *Zählwelt* bspw. das Abzählen von Mengen und die damit verbundene Kontrolle bedeutend sind, ist die Rechenwelt mit Operationen – hier „Plus und Minus“ (Treffen 1, 09:35) – sowie Rechenstrategien verbunden, wobei Emma explizit auf schriftliche Rechenverfahren verweist, welche mit positiven Erfahrungen verbunden sind – es ist „übersichtliger“ (Treffen 2, 09:13) und geht „richtig schnell“ (09:38). Zudem ist zu erkennen, dass bereits einige Verbindungen zwischen den Welten bestehen. Im Bereich der Größen erwähnt Emma z. B., dass mit Gewichten und Geld gerechnet werden kann und dass sich die Seitenlängen geometrischer Formen mit einem Lineal messen lassen.

Im Sinne der SEB sowie dem *theory theory* Ansatz nach Alison Gopnik (2010), könnten die Aussagen der Schülerin ein erster Hinweis für eine Theorie sein, in der sie Zahlen sowie das damit verbundene Zählen an konkrete Objekte ihrer Erfahrungswelt im Alltag bindet, wie z. B. Takte, Notenlinien, Tabletten und insbesondere ihre Hände, welche ihr auch beim Rechnen eine Unterstützung bieten. Dieser Aspekt wird im Rahmen der Arbeit weitergehend untersucht. Insgesamt lässt sich das Mathematikbild der Schülerin als *Welt der Zahlen*, *Größen* und *Formen* charakterisieren, an denen konkrete Handlungen, wie z. B. das (Ab-) Zählen bzw. das Verknüpfen über die Addition und Subtraktion vollzogen werden können. Dabei spielen Strukturen von Aufgaben, sowie die Kontrolle von Mengen eine wichtige Rolle. Im weiteren Verlauf der Studie gilt es die SEB näher zu beschreiben, mögliche Konflikte und Konkurrenzen herauszuarbeiten und zu untersuchen, wie diese sich möglicherweise in Lösungs- und Lernprozessen der Schülerin widerspiegeln.

4.4 Entwicklung und Analyse des Diagnosematerials

Die Entwicklung der diagnostischen Gespräche orientiert sich an den Diagnoseleitfäden nach Kaufmann und Wessolowski (2015) sowie Wartha und Schulz (2019). Diese sind darauf ausgelegt, im Rahmen einer prozessorientierten Diagnose (Voßmeier, 2012, S. 53; Wartha & Schulz, 2019, S. 19 f.) erste Erkenntnisse über die Lernausgangslage, wie z. B. das Vorwissen und Denkweisen, zu gewinnen und Hürden im Lernprozess zu identifizieren. Im folgenden Abschnitt 4.4.1 wird zunächst auf Fehler aus dem durchgeführten DEMAT-Test eingegangen und Hypothesen über mögliche Schwierigkeiten und

Strategien bzw. Theorien der Schülerin aufgestellt. In Abschnitt 4.4.2 werden diese mit Hilfe der diagnostischen Gespräche überprüft und durch weitere Hypothesen ergänzt. Abschließend werden die Befunde in die deduktiv festgelegten Kategorien eingeordnet (Abschn. 4.4.3).

4.4.1 Ergebnisse und Analyse des DEMAT 2+ Tests

Beim dritten Präsenztreffen am 05.03.2021 wird mit der Schülerin der DEMAT 2+ Test (Deutscher Mathematiktest für zweite Klassen) durchgeführt (Krajewski, Liehm, & Schneider, 2004). Dieser kann am Ende des zweiten oder zu Beginn des dritten Schuljahres eingesetzt werden[8] (Schneider, Küspert, & Krajewski, 2016, S. 156). Der Test ist in sechs Subtests eingeteilt, welche die in Abschnitt 2.2 thematisierten mathematischen Inhaltsbereiche umfassen. Dabei sind Aufgaben zu „arithmetische[n] Leistungen (Zahleneigenschaften, Grundrechenarten) [...] Sachaufgaben, Aufgaben zu Fähigkeiten beim Umgang mit Größen (Längenvergleiche, Rechnen mit Geld) und zur Geometrie enthalten" (Schneider, Küspert, & Krajewski, 2016, S. 156).

Aufgrund der aktuell geltenden Pandemieverordnung ist die Schülerin am Tag der Durchführung nicht in der Schule gewesen und hat zuvor keine Tablette eingenommen. Sie scheint erfreut über die Nachricht der gemeinsamen Durchführung eines Tests und folgt den Anweisungen im Verlauf des Testverfahrens. Hin und wieder lässt sie sich vor und nach der Bearbeitung der Aufgaben durch einen Blick aus dem Fenster oder durch das Arbeitsmaterial ablenken und wird gebeten, sich wieder auf den Test zu konzentrieren. In den folgenden Abschnitten werden die Fehler aus einigen Aufgaben im Rahmen einer Fehleranalyse näher betrachtet.

Die Aufgabe zu Zahleneigenschaften – in diesem Fall die Identifikation gerader und ungerader Zahlen – bereitet der Schülerin Schwierigkeiten. Für die Identifikation gerader Zahlen benötigt sie viel Zeit, übersieht eine Zahl (38) und kreuzt eine ungerade Zahl an (81). Bei der Aufgabe zu den ungeraden Zahlen reicht somit die Zeit nicht mehr aus und die Schülerin wird durch den Ablauf der Zeit unterbrochen. Eine weitere Zahl (43) hat sie anschließend noch identifiziert (Abbildung 4.5).

[8] Hier ist zu berücksichtigen, dass der DEMAT 2+ Test für den Einsatz im ersten Quartal des dritten Schuljahres vorgesehen ist. In dieser Fallstudie wird dieser jedoch im dritten Quartal durchgeführt.

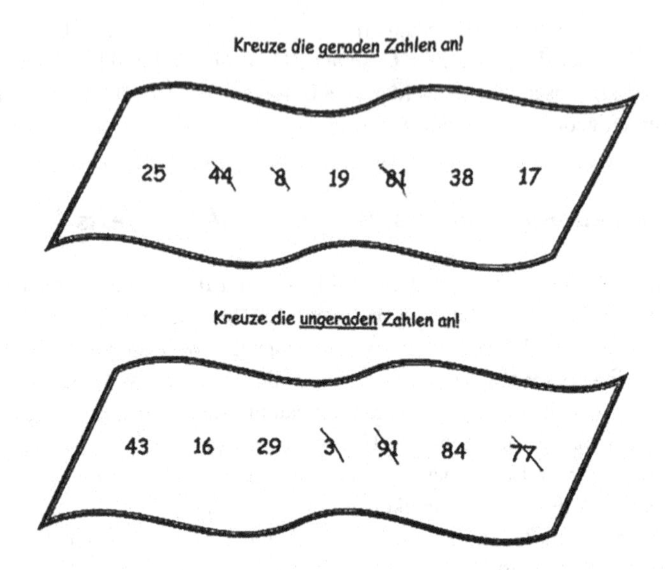

Abbildung 4.5 Gerade und Ungerade Zahlen – DEMAT 2+ (Krajewski, Liehm, & Schneider, 2004)

Bei den Aufgaben zur Addition und Subtraktion löst Emma drei von vier Aufgaben zur Subtraktion richtig, während nur eine der vier Additionsaufgaben korrekt gelöst wird. Bei Letzteren muss immer ein Zehnerübergang berücksichtigt werden. Bei den Subtraktionsaufgaben ist dies lediglich einmal der Fall, wobei diese Aufgabe von der Schülerin falsch gelöst wird: „4 – 19 = 15" (Krajewski, Liehm, & Schneider, 2004). In diesem Fall ist zudem nicht der Subtrahend, sondern der Minuend gesucht. Die restlichen Aufgaben zur Subtraktion lassen sich dabei mit der Strategie „Stellenwerte extra" bzw. „ziffernweise extra" (Schipper, 2009, S. 139 f.) lösen, z. B. „95 – 23 = 72" (Krajewski, Liehm, & Schneider, 2004). Bei diesen Aufgaben ist zu beachten, dass es sich um Platzhalteraufgaben, unter anderem zur Vorstellung des *Ergänzens* handelt, welche folgendes Format aufweisen: z. B. „37 + __ = 54" und „95 – __ = 72" (ebd.). Um diese Aufgaben zu lösen, bedarf es hinreichender Grundvorstellungen zur Addition und Subtraktion, bzw. eines Operationsverständnisses, welches es in anschließenden diagnostischen Gesprächen zu untersuchen gilt. Zudem lässt sich hier die Hypothese aufstellen, dass Emma Schwierigkeiten beim Zehnerübergang hat.

Beim Halbieren löst Emma die erste Aufgabe ohne Probleme. Als sie allerdings die Zahl 30 halbieren soll, überlegt sie lange und kommt zu dem Entschluss, dass sie diese Zahl nicht halbieren kann. Auch bei der 58 halbiert sie lediglich die Einer (Abbildung 4.6). Dies lässt sich vermutlich darauf zurückführen, dass sie der Strategie nachgeht, die Einer und Zehner jeweils ziffernweise zu halbieren, welche sich jedoch nur dann realisieren lässt, wenn die Ziffern gerade sind. In diesem Fall gelingt es der Schülerin nicht, auf Vorstellungen zu Zahlen und den entsprechenden Stellenwerten bzw. die Zahlzerlegung der Zehner zurückzugreifen.

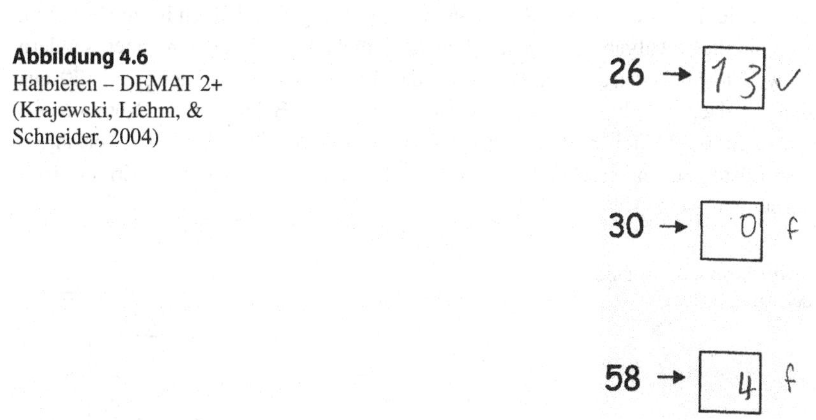

Abbildung 4.6 Halbieren – DEMAT 2+ (Krajewski, Liehm, & Schneider, 2004)

Auch beim Verdoppeln greift die Schülerin vermutlich auf die Strategie „Stellenwerte bzw. ziffernweise extra" zurück. Dies zeigt sich darin, dass sie die Aufgabe, die aufgrund des Einers $n \geq 5$ einen Zehnerübergang erfordert, nicht richtig löst. Die Schülerin berücksichtigt zwar den Übergang zum nächsten Zehner bei der Verdopplung der Einer, vergisst dabei jedoch, den Zehner zu verdoppeln (Abbildung 4.7).

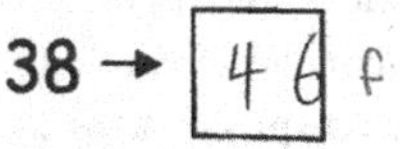

38 → 46 f

Abbildung 4.7 Verdoppeln mit Zehnerübergang – DEMAT 2+ (Krajewski, Liehm, & Schneider, 2004)

Ein weiteres Problem zeigt sich beim Ergänzen bis 100, welches hier im Kontext des Geldrechnens abgefragt wird (Ergänzen bis zu einem Euro). Hier löst Emma nur eine von vier Aufgaben korrekt: „Bei 28 Cent fehlen 72." (Krajewski, Liehm, & Schneider, 2004). Muster und Strategien sind bei ihren Lösungen jedoch nicht zu erkennen (z. B. „Bei 45 Cent fehlen 95" oder „bei 81 Cent fehlen 13" (ebd.)).

Beim Lösen der Sachaufgaben fällt auf, dass Emma zunächst alle Aufgaben im Format des Verfahrens der schriftlichen Addition notiert. In drei der vier Fälle nutzt sie zunächst diese Strategie, um das Ergebnis zu ermitteln. Im vierten Fall notiert sie die Zahlen zwar untereinander (Abbildung 4.8), jedoch ist zu vermuten, dass sie diese Aufgabe nicht nach dem schriftlichen Verfahren berechnet, sondern entweder schrittweise gerechnet, oder das Ergebnis der Rechnung „3 · 7" aus dem Gedächtnis abgerufen hat. Im Kontext der SEB kann diese Notation auf ein Gefühl von Sicherheit zurückzuführen sein, da die Schülerin das Verfahren, den Lösungen entsprechend, gut beherrscht und es mit positiven Erfahrungen verbunden ist.

Abbildung 4.8 Notation der Aufgabe „3 · 7"

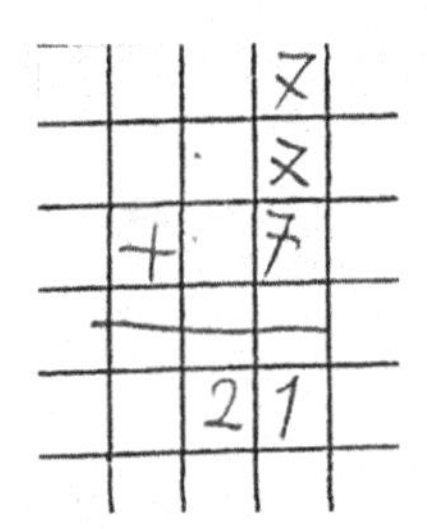

Bei zwei der Sachaufgaben bzw. „kleinen Rechengeschichten" (Krajewski, Liehm, & Schneider, 2004, S. 15) handelt es sich um Vergleichsaufgaben, welche über das Bestimmen der Differenz, z. B. durch *Abziehen* oder *Ergänzen* gelöst werden können. Während in Aufgabe 1 (Abbildung 4.9, links) eine Ausgangsgröße gesucht wird, gilt es bei Aufgabe 4 (Abbildung 4.9, rechts) den Unterschied zwischen zwei Größen zu ermitteln (Schipper, 2009, S. 100).

Die Lösung der Schülerin lässt die Vermutung zu, dass durch die Ausdrücke „mehr" sowie „größer" in den entsprechenden Aufgabenstellungen die Vorstellung des *Hinzufügens* und somit der SEB der Addition aktiviert wird (Scherer & Moser Opitz, 2010, S. 15). In Aufgabe 1 (Abbildung 4.9, links) wendet die Schülerin das schriftliche Rechenverfahren zur Addition zwar richtig an und berücksichtigt den Zehnerübertrag, jedoch ist das Ergebnis in diesem Kontext

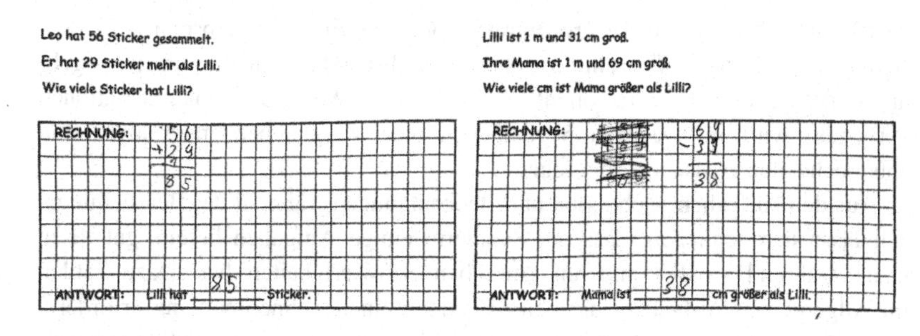

Abbildung 4.9 „Vergleichsaufgaben" – DEMAT 2+ (Krajewski, Liehm, & Schneider, 2004)

fehlerhaft. Am Ende der Rechnung wird das Ergebnis der Addition in den Antwortsatz notiert.

In Aufgabe 4 (Abbildung 4.9, rechts) wendet die Schülerin zunächst ebenfalls das schriftliche Additionsverfahren an. Bevor sie das Ergebnis in den Antwortsatz schreibt, überlegt sie kurz, und behauptet dann: „ne das kann nicht stimmen." (Treffen 3). Anschließend streicht sie ihre Rechnung durch und rechnet erneut, diesmal mit dem schriftlichen Subtraktionsverfahren. Dabei kommt sie auf das richtige Ergebnis und notiert dieses anschließend in den Antwortsatz. Hier scheint ein bekannter Kontext der Körpergrößen, oder auch die „große" Zahl 100, die Schülerin zur Reflexion des Ergebnisses anzuregen. Sie erkennt, dass das Ergebnis nicht stimmen kann, wechselt in den SEB der Subtraktion, um eine „kleinere" Zahl zu erhalten und wendet daraufhin das schriftliche Subtraktionsverfahren an, welches ihr die richtige Lösung liefert.

Diese Vorgehensweise könnte auf ein unzureichendes Operationsverständnis und eine Schwäche beim Mathematisieren von Anwendungskontexten deuten. Die Schülerin sucht möglicherweise nach Schlüsselwörtern wie „mehr" oder „größer", welche sie im Kontext dieser Aufgaben im Sinne des *Hinzufügens* deutet und somit als Indikator für die Strategie der schriftlichen Addition auffasst (Scherer & Moser Opitz, 2010, S. 15). Ein Ergebnis, welches entweder als „zu groß" empfunden, oder tatsächlich im Kontext der Körpergrößen gedeutet werden kann, ermöglicht den Wechsel in den SEB der Subtraktion, wobei die Zahl bzw. Größe „kleiner" wird.

Insgesamt erzielt die Schülerin bei Durchführung des Tests 16 von 36 möglichen Punkten. Daraus ergibt sich für Mädchen innerhalb der ersten drei Monate der dritten Klasse entsprechend ein Prozentrang$_{(ges)}$ von 32, der T-Wert$_{(ges)}$ liegt bei 45 (Krajewski, Liehm, & Schneider, 2004, S. 37). Im Vergleich zum

ZAREKI-R Test, mit einem Prozentrang von 2 als Ergebnis (Abschn. 4.2) lässt sich hier ein höherer Prozentrang feststellen. Da jedoch zu diesem Testergebnis keine weiteren Informationen wie z. B. ein T-Wert oder Dokumentationen vorliegen, wird im weiteren Verlauf von einer vergleichenden Analyse und entsprechenden Aussagen abgesehen.

Aus den Aufgabenergebnissen und Beobachtungen während der Bearbeitungszeit lässt sich schließen, dass die Schülerin einige Aufgaben bereits gut lösen kann, während sie bei anderen Aufgaben Schwierigkeiten hat. Dazu zählen im Allgemeinen Aufgaben, die beim Rechnen einen Zehnerübergang erfordern. Hinzu kommen Schwierigkeiten beim Verdoppeln, Halbieren und Dividieren, beim Ergänzen bis 100, Rechnen mit Geld, sowie beim Unterscheiden zwischen Addition und Subtraktion, welches sich beim Lösen der Rechengeschichten zeigt.

Eine Hypothese, die sich im Zusammenhang mit der Analyse aufstellen lässt ist, dass Emma, insbesondere bei den Aufgaben zum Verdoppeln und Halbieren, auf die Strategie „Stellenwerte oder ziffernweise extra" zurückgreift. Im weiteren Verlauf der Diagnose und Förderung soll geprüft werden, inwiefern sich diese Hypothese bestätigen lässt und ob die Schülerin diese Strategie auch in anderen Kontexten anwendet. Zudem wird deutlich, dass Emma Schwierigkeiten beim Mathematisieren – bzw. beim Wechsel zwischen Darstellungen hat. Im Rahmen des Tests wird dies an der Übersetzung zwischen der Rechengeschichte und der entsprechenden symbolischen Darstellung festgemacht. Hier scheint Emma sich an Schlüsselwörtern wie „mehr" und „größer" zu orientieren, die in diesem Fall scheinbar dem SEB der Addition zugehörig sind. Auch diese Vermutung gilt es im Rahmen der kompetenz- und prozessorientierten Diagnose, sowie im Verlauf der Intervention zu überprüfen.

4.4.2 Ergebnisse und Interpretation der diagnostischen Interviews

Neben den Aspekten, die aus der Analyse des DEMAT-Tests hervorgehen, werden nun einige Beispiele für vorhandene Kompetenzen, sowie Schwierigkeiten und Hürden der Schülerin dargestellt. Dabei werden insbesondere das Zahlverständnis, das Operationsverständnis, sowie Rechenfertigkeiten und Strategien der Schülerin untersucht[9] (Kaufmann & Wessolowski, 2015; Wartha & Schulz, 2019).

[9] Tabellarische Übersichten der Kompetenzen und Schwierigkeiten sind in Anhang C, D und E im elektronischen Zusatzmaterial einsehbar.

Zahlverständnis

In den Diagnoseeinheiten stellt sich heraus, dass Emma Zahlen auf verschiedenen Ebenen darstellen und zwischen diesen wechseln kann. In Bezug auf die Darstellungssysteme nach Dehaene (1992) kann sie Zahlen lesen und schreiben (auditiv, visuell), diese mit dem Dienes-Material legen (Abbildung 4.10), gelegte Zahlen erkennen (analoge Repräsentation, Kardinalzahl), sowie Zahlen am Zahlenstrahl verorten (Ordinalzahlaspekt).

Abbildung 4.10 Darstellung der Zahl 17 mit dem Dienes-Material

Zudem kann Emma Beziehungen zwischen Zahlen ausdrücken (Götze, Selter, & Zannetin, 2019, S. 22). Am Zahlenstrahl mit Vorgaben, so wie am leeren Zahlenstrahl kann Emma Zahlen positionieren und die Position in Bezug auf andere Zahlen begründen (Treffen 6). Auf Nachfrage, warum sie z. B. die Zahl 53 wie in Abbildung 4.11[10] positioniert hat, nennt sie folgende Begründung und bezieht dabei Aspekte wie den Nachbarzehner sowie den Begriff der „Hälfte" (12:30) mit ein (Tabelle 4.4):

Tabelle 4.4 Begründung zur Positionierung der Zahl 53 am leeren Zahlenstrahl

12:17	E	weil die 50 ist eher so hier. und, wir sind bei der 53.
12:18	I	mhm warum ist die 50 da' [...] woher weißt du dass die 50 ungefähr da is.
12:30	E	weil das sozusagen so die Hälfte is.
12:32	I	ah okay das ist die Hälfte', von was denn'
12:37	E	*(schreibt)* von –, 100., *(kreist die 100 am Ende des Zahlenstrahls ein)* also von der 100.

[10] aus Kaufmann & Wessolowski, 2015.

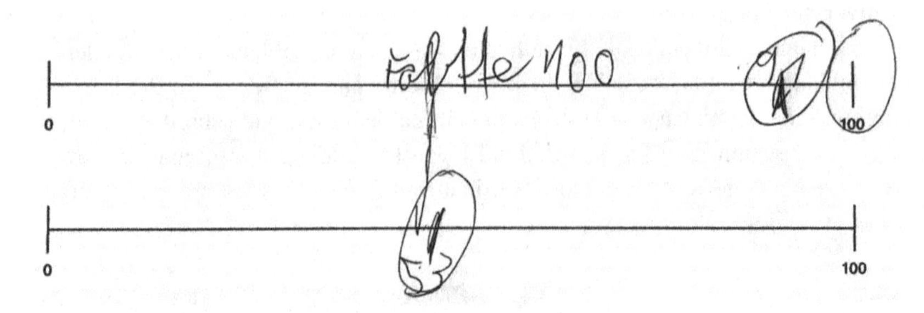

Abbildung 4.11 Zahlverortung am leeren Zahlenstrahl

Bei der Nutzung des Dienes-Materials stellt sich heraus, dass Emma gute Kenntnisse beim Bündeln hat. Als sie gefragt wird, ob sie die Anzahl einer Würfelmenge bestimmen kann, bündelt sie diese zunächst in Fünfer-Päckchen (Abbildung 4.12). Um die genaue Anzahl zu bestimmen, fasst sie jeweils zwei Päckchen zu einem Zehner zusammen und nennt anschließend die korrekte Zahl, ohne noch einmal nachzuzählen.

Abbildung 4.12 Beispiel einer Bündelung der Schülerin

Darüber hinaus lassen sich im Zusammenhang mit einem Stellenwertverständnis bei der schriftlichen Notation zwar keine Zahlendreher feststellen, allerdings notiert sie in den meisten Fällen zunächst den Einer und anschließend den Zehner, außer bspw. bei Zahlen wie der Zahl 88, die Emma als „Schnapszahl“ (Treffen 2, 19:55) bezeichnet. Im Sinne Schippers (2009) ist hierbei zu erwähnen, dass eine inverse Zahlenschreibweise, wie sie bei Emma zu beobachten ist, dazu führen kann, dass z. B. die Unterscheidung der Stellenwerte von Zehnern und Einern „immer mehr in Vergessenheit [gerät]“ oder diese die „vorhandene Fähigkeit zur Unterscheidung von Zehnern und Einern wieder zunichte [macht]“ (S. 125). Auch beim Schreiben größerer Zahlen (z. B. 342) ist die inverse Schreibweise problematisch, wenn beim Schreiben Lücken gelassen bzw. Kästchen abgezählt werden müssen (Schipper, 2009, S. 125; Wartha & Schulz, 2011, S. 10).

Im Mündlichen sowie im Schriftlichen kann Emma entscheiden, welche von zwei Zahlen die Größere ist und kann dies mit den Stellen- bzw. Zahlwerten begründen. Auch bei der Darstellung von Zahlen mit dem Dienes-Material kann Emma zwischen Zehnern und Einern unterscheiden. Als in einer Einheit vier Einer links und drei Zehner rechts auf den Tisch gelegt werden (vgl. Gaidoschik, 2020, S. 87), behauptet sie nach kurzem Überlegen zunächst, dass die Zahl „304“ dargestellt sei. Kurz darauf korrigiert sie sich selbst und meint, dass es „34“ seien, sie hätte die Zehnerstangen lediglich mit Hundertern verwechselt. Wie auch im Mündlichen, wo hin und wieder Zahlendreher auftauchen, Emma diese aber in den meisten Fällen anschließend selbstständig korrigiert, muss diese Verwechslung nicht auf ein mangelndes Stellenwertverständnis hindeuten. Da Zahlendreher im Mündlichen oder inverse Darstellungen mit dem Dienes-Material häufig am Ende einer Einheit, oder in Situationen auftreten, die eine hohe Konzentration erfordern, kann dies auch auf mangelnde Konzentration bzw. eine von ihr unmittelbar gegebene Antwort zurückzuführen sein.

Operationsverständnis

Im Hinblick auf ein Operationsverständnis lässt sich festhalten, dass Emma Rechengesetze wie z. B. das Kommutativgesetz nutzen und anwenden kann. Zudem erkennt sie beispielsweise den Zusammenhang zwischen Addition und Subtraktion und kann bei Aufgaben im Format „3 + __ = 10“ die entsprechende Subtraktionsaufgabe „10 – 3 = __“ benennen. Dieses Wissen kann genutzt werden, um z. B. die Grundvorstellungen zur Subtraktion im Sinne des *Ergänzens* auszubauen.

Wie bereits in der Analyse des DEMAT-Tests vermutet, treten Schwierigkeiten im Rahmen von Anwendungskontexten und Rechengeschichten auf. Hier bestätigt sich die Hypothese, dass sich Emma beim Mathematisieren von Kontextsituationen an Schlüsselwörtern wie z. B. „mehr“ orientiert, was der erste Lösungsversuch der folgenden Beispielaufgabe unterstreicht: „Anna hat 14 Ostereier. Sie hat 5 mehr als Mia. Wie viele Ostereier hat Mia?“. Obwohl diese Aufgabe mithilfe der Subtraktion im Sinne der Grundvorstellung des *Vergleichens* in Form der Aufgabe „14 – 15 = __“ oder „__ + 5 = 14“ gelöst werden kann, wird auf den Erfahrungsbereich der Addition im Sinne der Vorstellung des *Hinzufügens* zurückgegriffen, mit der entsprechenden Rechnung „14 + 5 = 19“.

35:56	E	also die Anna hat ja 14 Ostereier. und die andere hat 5 mehr.
36:00	I	mhm –
36:08	E	das bedeutet das sind dann 19.

Darüber hinaus scheinen weitere Schwierigkeiten beim Wechsel von Darstellungsebenen aufzutreten. Obwohl die Schülerin eine eigene Aufgabe: „44 – 14 = 30“ mit dem Dienes-Material darstellen und eine richtige Lösung ermitteln kann, gelingt es ihr auf Nachfrage nicht, die Aufgabe sowie den entsprechenden Lösungsweg in der Sprache der Mathematik zu notieren (Abbildung 4.13) (Götze, Selter, & Zannetin, 2019, S. 44; Abbildung 2.4).

Abbildung 4.13 Verschriftlichung der Handlung zur Aufgabe „44 - 14“

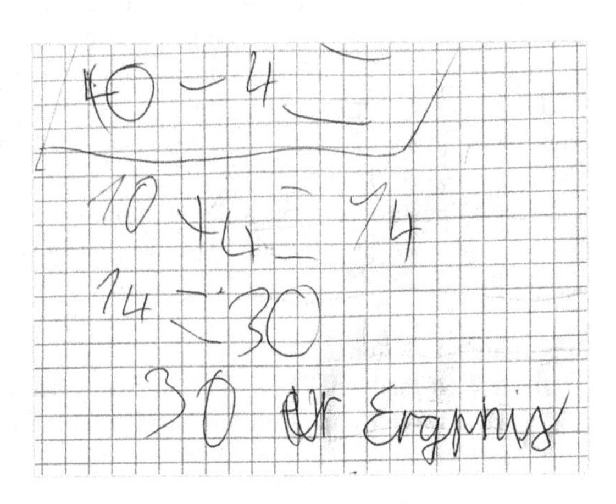

Rechenstrategien

Im Rahmen des Diagnoseverfahrens stellt sich heraus, dass Emma die Begriffe der Umkehr-, Tausch- und Nachbaraufgaben bekannt sind. Diese erkennt sie im Schriftlichen, sowie im Mündlichen, insbesondere bei Aufgaben im Zahlenraum bis 20 und kann diese zur Lösung von Aufgaben anwenden.

Auf die Frage, was die Schülerin im Unterricht gerne macht, weist sie auf schriftliche Rechenverfahren bezüglich der Addition und Subtraktion hin (Treffen 2). Auf die darauffolgende Frage, was ihr im Mathematikunterricht schwerfällt, antwortet Emma, dass die Subtraktion, das „Minus rechnen“ (Treffen 2, 08:38) ihr noch Probleme bereitet, insbesondere wenn Minuend und Subtrahend nebeneinanderstehen.

Als Beispiel dafür notiert sie die Aufgabe „103 – 30 = 133“[11] (Abbildung 4.14,1)). Im Folgenden erklärt sie, warum ihr diese Aufgabe schwerfällt (Tabelle 4.5).

Abbildung 4.14
Beispielaufgabe „103 – 30“

1) 103 – 35 = 133 2) 103 – 30 = 133

Tabelle 4.5 Erklärung für den Vorteil schriftlicher Rechenverfahren

09:09	E	das fällt mir halt sehr schwer.
09:10	I	mhm –, kannst du mir sagen warum dir das schwerfällt‘
09:13	E	weil das halt nich unter – unternander is das halt viel übersichtliger. ich muss hier immer –, erst nachdenken.
		[…] *(I fragt, ob Emma die Rechnung „untereinander“ schreiben kann)*
09:38	E	für mich ist das halt dann richtig schnell. […]

Ähnlich wie es die Eltern und die Lehrkraft in den entsprechenden Interviews bereits bestätigen, behauptet Emma, dass ihr die Struktur helfen würde, die Aufgabe „schnell“ (09:38) zu lösen. Zudem wird hier der Aspekt der Entlastung durch eine Struktur – „übersichtliger“ – (09:13) und der damit verbundenen mechanischen Abfolge des Algorithmus deutlich (Gaidoschik, 2020, S. 51). Das Lösen von Aufgaben, in denen die Summanden bzw. Minuend und Subtrahend nicht „unternander“ (09:13), sondern nebeneinanderstehen, erfordert nach Aussage der Schülerin ein „[N]achdenken“ (09:13).

Mit Blick auf das Ergebnis der Aufgabe (Abbildung 4.14, 1)) lässt sich feststellen, dass die Schülerin die Absolutbeträge der Differenzen der Einer- und Zehnerziffern berechnet hat (Wartha & Schulz, 2019, S. 47). Auch als sie gebeten wird, die Zahlen im Sinne des schriftlichen Rechenverfahrens untereinander zu notieren, bestätigt sie ihre Lösung und erkennt dabei nicht, dass das Ergebnis – die Differenz der Zahlen – größer ist als die Ausgangszahl (Abbildung 4.14, 2)). Dies lässt sich entweder darauf zurückführen, dass ihr Fokus beim Rechnen auf den Ziffern der Stellenwerte liegt und somit der Blick für die Zahlen als Ganzes fehlt (Padberg & Benz, 2011, S. 221) oder, im Sinne Gaidoschiks (2020), das „Verfahren […] ohne Gedanken an ein ‚Mehr‘ oder ‚Weniger‘ abgespult [wird]“ (S. 53).

[11] Wichtig ist hier, dass die Zahl 5 nachträglich ergänzt wurde, um die Vorgehensweise beim schriftlichen Rechnen näher zu erläutern (Treffen 2, 10:16). Das Ergebnis bezieht sich auf die Rechnung 103 – 30.

Eine weitere Schwierigkeit liegt darin, dass die Schülerin den Fokus auf zuvor erlernte Strategien legt und diese in einigen Fällen übergeneralisiert. Als sie gebeten wird, ab der Zahl 45 in Zehnerschritten weiterzuzählen, behauptet sie zunächst, dass sie dies nicht könne (Treffen 2). Bei einem ersten Versuch nennt sie die Zahl 90 (Treffen 2, 14:38), wobei sie die Zahl verdoppelt hat. Auf erneute Nachfrage nennt sie die Zahl 55 und erklärt ihren Rechenweg wie folgt:

15:06	E	ich hab mir ähm halt –, die Aufgabe hier – *(notiert die Aufgabe wie in der Abbildung)* (4sec) halt im Kopf –, <u>Kopf</u> –.. vorgestellt... und dadurch konnt ich das rechnen.	45 + 10 55 65 10

Hier wird deutlich, dass sie der Strategie „*schriftlich im Kopf*“ (Schipper, 2009, S. 140) nachgeht und in diesem Fall stellenweise bzw. ziffernweise rechnet, anstatt die dezimale Analogie auszunutzen.

Bei einem weiteren Treffen lässt sich diese Strategie auch im Kontext einer Subtraktionsaufgabe identifizieren, als Emma gebeten wird die Aufgabe „17 – 9“ im Kopf auszurechnen (Treffen 4). Nach einiger Zeit (16 Sekunden) nennt sie das Ergebnis „12“ und wird gebeten, ihre Vorgehensweise zu notieren. Dazu notiert sie die Aufgabe in Form des schriftlichen Rechenverfahrens der Subtraktion und bestätigt dabei ihr Ergebnis. In Abbildung 4.15 ist das Vorgehen zusammenfassend dargestellt.

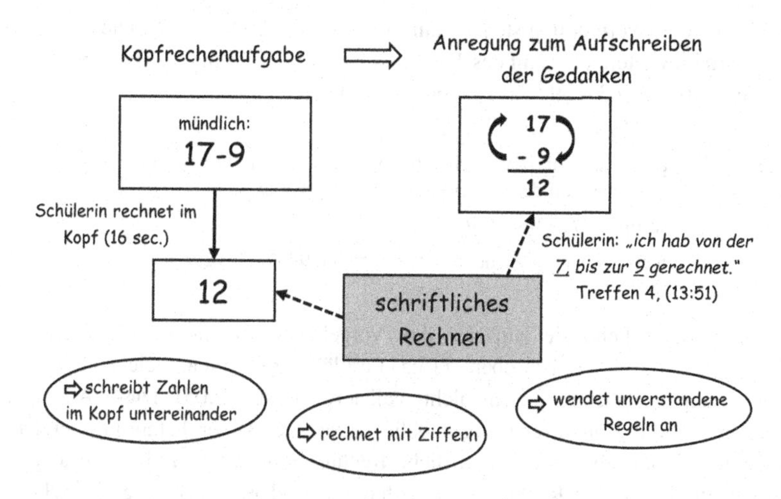

Abbildung 4.15 Berechnung der Aufgabe „17 – 9" im Kopf

Im Zusammenhang mit dieser Aufgabe lassen sich erste Vermutungen über das Vorgehen beim schriftlichen Subtrahieren schließen, welches Emma wie folgt begründet:

13:51	E	ich habe von der 9 –.. ich hab von der 7, bis zur 9 gerechnet. … bei minus, darf man aber nie tauschen. *(malt Pfeile)* man muss immer von unten nach oben *(unverständlich)* (aber wir haben?) hier ja plus. da is es egal ob man von unten nach oben rechnet oder von, oben nach unten.

Aus dieser Aussage geht hervor, dass Emma beim schriftlichen Rechnen gewisse „Regeln" (Wartha & Schulz, 2019, S. 46) befolgt, die sich der Vorstellung des *Ergänzens* zuordnen lassen. Dabei scheint es ihr bewusst zu sein, dass diese Regel insbesondere beim schriftlichen Subtrahieren eingehalten werden muss, da die Kommutativität in diesem Fall nicht gilt: „bei minus, darf man aber nie tauschen" (13:51) (Götze, Selter, & Zannetin, 2019, S. 51). Dennoch steht ihre Vorgehensweise „7, bis zur 9" im Widerspruch zu der von ihr formulierten „Regel". Dies scheint ihr während des Erklärens bewusst zu werden, sodass sie versucht, ihr Vorgehen mithilfe des Kommutativgesetzes der Addition zu rechtfertigen, obgleich sie die Differenz der Ziffern bestimmt hat. Dies ist möglicherweise auf ein mechanisches Vorgehen beim schriftlichen Verfahren zurückführen, welches mit einem mangelnden Verständnis der Strategie in Verbindung stehen kann (Gaidoschik, 2020, S. 49). Diese Vermutung wird im weiteren Verlauf des Treffens verstärkt, als Emma im Zusammenhang mit der Aufgabe „63 – 59" das Ergebnis „16" nennt.

28:46	E	also–.. ich habe das – ich hab 9 bis zur – bis zur ähm, 3 gerech –, 9 bis zur – ich hab von der –.. 3 bis zur 9 gerechnet sind 6 –
29:03	I	warum jetzt 3 bis zur 9'
29:05	E	weil ich kann ja nicht äh –, von der ehm 9 hier.. bis zur 3.

Auch hier scheint sie zunächst ihre Vorgehensweise mit der Strategie des *Ergänzens* „von unten nach oben" (13:51) erklären zu wollen, welche sich unter Betrachtung der Ziffern jedoch nicht realisieren lässt (29:05). Diese Aussagen könnten auf die Konkurrenz zugrundeliegender subjektiver Erfahrungsbereiche hindeuten. Einerseits ist das schriftliche Rechnen mit „Regeln" bzw. Strategien verbunden, die es beim Rechnen einzuhalten gilt. Andererseits bewegt die Schülerin sich in einem Erfahrungsbereich des Rechnens, wobei sie Handlungen an Ziffern ausführt und aus ihrer Sicht die jeweils kleinere bis zur größeren Ziffer ergänzen muss (29:05).

Insgesamt lässt sich festhalten, dass die Schülerin im Rahmen des Diagnoseverfahrens die Strategien des schriftlichen Rechnens, bzw. das Rechnen mit Ziffern hervorhebt, um sowohl Aufgaben in schriftlicher Form als auch im Kopf zu lösen. Dabei „notiert" sie die Zahlen untereinander im Kopf und addiert die entsprechenden Ziffern bzw. bestimmt die Differenz über die Strategie des *Ergänzens*. Auch beim Zählen in Zehnerschritten greift sie zunächst auf diese Strategie zurück. Einerseits benötigt sie viel Zeit um diese Aufgabe zu lösen, andererseits führt dies auch dazu, dass die dezimalen Analogien in diesem Fall nicht direkt erkannt werden.

4.4.3 Zusammenfassende Ergebnisse der Diagnose

Im Folgenden werden die Ergebnisse des Diagnoseverfahrens – die Hürden im Lernprozess der Schülerin – tabellarisch festgehalten (Tabelle 4.6). Die Hauptkategorien orientieren sich dabei an den in Abschnitt 2.5 aufgeführten Hürden und wurden im Rahmen einer strukturierenden Inhaltsanalyse nach Mayring (2015) durch Unterkategorien und entsprechende Ankerbeispiele der Interviews und Gespräche, sowie der Ergebnisse des DEMAT 2+ Tests ergänzt. Zu den Hauptkategorien zählen

(1) das zählende Rechnen
(2) das Stellenwertverständnis
(3) das Zahlverständnis sowie
(4) das Operationsverständnis.

Neben den Hürden bzw. Schwierigkeiten der Schülerin werden auch mögliche Strategien zusammenfassend dargestellt, welche in Abschnitt 4.4.2 ausgearbeitet wurden. In Anlehnung an diese Ergebnisse werden im Verlauf der Intervention entsprechende Fördereinheiten entwickelt.

Einen Aspekt, den bereits die Eltern erwähnen, ist das zählende Rechnen, welches sich auch im Rahmen der Diagnose in einigen Situationen vermuten lässt. Rechnet die Schülerin Aufgaben im Kopf, ist dabei häufig der angestrengte „Fernblick" (Gaidoschik, 2020, S. 35) z. B. aus dem Fenster zu beobachten. Zudem murmelt die Schülerin hin und wieder vor sich hin, während ihre Fingermuskeln leicht zucken. Auch einige ihrer Lösungen mit dem charakteristischen „Fehler um 1" (ebd., S. 35) deuten darauf hin, dass die Schülerin hin und wieder zählend rechnet. Dies ist insbesondere dann zu beobachten, wenn Emma im Verlauf oder am Ende einer Einheit unkonzentriert ist, oder beispielsweise einfache Aufgaben im Kopf rechnen soll, die über die Zehn hinausgehen. Die Nutzung von Zählstrategien lässt sich in den beobachteten Situationen möglicherweise infolge mangelnder Konzentration oder Unsicherheit als Regression im Sinne Bauersfelds (1983) beschreiben, in diesem Fall als das Zurückgreifen auf den SEB der Zählstrategien. In diesen Situationen greift sie auf ihre Finger oder andere Zählhilfen zurück, die sie unterstützen und die sie möglicherweise „subjektiv als sicher [empfindet]" (Schulz, 2014, S. 126). Neben den Zählstrategien hat sie im Zahlenraum über 20 möglicherweise entsprechende Ausweichstrategien entwickelt, wie z. B. das ziffernweise Rechnen (Schulz, 2014, S. 130).

Auch hier lässt sich ein Erfahrungsbereich im Hinblick auf die *Rechenwelt* der Schülerin beschreiben, welcher ihr bspw. beim Kopfrechnen oder in Testsituationen Sicherheit bietet. Rechnet die Schülerin im Kopf oder Aufgaben auf dem Blatt, operiert sie hauptsächlich mit Ziffern, welche den Objektbereich ihrer Theorie beschreiben. An diesen Objekten führt sie Handlungen aus, entweder werden diese addiert oder eine Differenz zwischen diesen ermittelt. Dabei kommt es wie im Beispiel der Aufgabe „17 – 9 = 12" dazu, dass sie den Absolutbetrag der Differenzen der jeweiligen Ziffern ermittelt, ein Fehler, welcher im Laufe der Zeit häufig zu beobachten ist. Zudem konkurriert dieser SEB im Bereich der *Rechenwelt* mit bereits aufgebauten Zahlvorstellungen. So gelingt es ihr beispielsweise im DEMAT 2+ Test nicht, die Zahlen 30 und 58 zu halbieren (Krajewski,

Tabelle 4.6 Hürden im Lernprozess der Schülerin

	Unterkategorie	Ankerbeispiele
(1)	Weiterzählen	– Anspannung, Schließen der Augen oder z.B. ein angestrengter Blick aus dem Fenster beim Kopfrechnen – „92 – 6 = 87" (Treffen 6), „Fehler um 1" (Gaidoschik, 2020, S. 35) – Nutzung der Hände (12:54) bzw. Abzählen von „Strichen" (Treffen 12) 12:54 | E | also ich muss die Hand nehmen sonst kann ich das nicht (?)
(2)	Stellenwert/ Zahlenwert	– hin und wieder sind Zahlendreher zu beobachten, insbesondere beim Zählen – bei der Darstellung von Zahlen mit dem Dienes-Material **Beispiel:** Am Ende einer Einheit (Treffen 6) soll Emma noch eine letzte Zahl legen, die 37 und legt dabei die 73. Auf Nachfrage korrigiert sie. – Probleme beim Halbieren, wenn die Zehnerziffer ungerade ist, wie z.B. bei der 58
(3)	Zählen in Schritten	– Probleme beim Zählen in Zehnerschritten (z.B. ab der Zahl 45) → hier rechnet die Schülerin zunächst schriftlich im Kopf (Treffen 2)
(4)	4.1 symbolische Darstellung von Operationen (Handlung zu Symbol; Abbildung 2.4)	Übersetzung der Beispielaufgabe „44 – 14", welche die Schülerin auf der enaktiven Ebene am Material korrekt löst, in die Sprache der Mathematik (Treffen 6)

(Fortsetzung)

Tabelle 4.6 (Fortsetzung)

<table>
<tr>
<td></td>
<td>4.2
Probleme beim Mathematisieren bei Rechengeschichten (Sprache zu Symbol; Abbildung 2.4)</td>
<td>
Beispiel 1: Peter hat 24 Ostereier. Anne hat 12 Ostereier mehr als Peter, und Jakob hat 6 Ostereier weniger als Anne. Wie viele haben alle drei zusammen?

Zunächst: Kombination der in der Aufgabe enthaltenen Ziffern, (Lorenz & Radatz, 1993, S. 34), Orientierung an den Schlüsselwörtern „mehr“ und „weniger“ (Abbildung, links). Nach einer gemeinsamen Reflexion löst die Schülerin die Aufgabe erneut (Abbildung, rechts) (Treffen 8).

Beispiel 2: Anna hat 14 Ostereier. Sie hat 5 Ostereier mehr als Mia. Wie viele Ostereier hat Mia? (Treffen 7)

<table>
<tr><td>35:56</td><td>E</td><td>also die Anna hat ja <u>14</u> Ostereier. und die andere hat 5 mehr.</td></tr>
<tr><td>36:00</td><td>I</td><td>mhm –</td></tr>
<tr><td>36:08</td><td>E</td><td>das bedeutet das sind dann 19.</td></tr>
</table>

Orientierung an Schlüsselwörtern, z.B. „mehr“ (Scherer & Moser Opitz, 2010, S. 15), Probleme bei Vergleichsaufgaben
</td>
</tr>
</table>

Liehm, & Schneider, 2004), während sie anschließend anhand der Darstellung der Zahl 30 mit dem Dienes-Material die Lösung 15 schnell erkennt (Treffen 3).

Dieser SEB wird unter anderem durch die Strategie des schriftlichen Rechnens – „ein Rechnen mit *Ziffern*“ (Scherer & Moser Opitz, 2010, S. 157) – ergänzt und verstärkt. Somit muss der Fokus beim Rechnen auf den Ziffern in diesem Fall nicht auf das zählende Rechnen zurückzuführen sein.

Im Verlauf der Diagnose stellt sich heraus, dass Emma in vielen Situationen auf schriftliche Rechenverfahren zurückgreift. Dies kann mitunter daran liegen, dass die Strategie der schriftlichen Rechenverfahren kürzlich eingeführt wurde und Emma ein Gefühl von Sicherheit gibt, da sie Aufgaben „schnell“ und mit weniger Fehlern lösen kann, so wie es sowohl sie selbst, als auch die Eltern beschreiben. Im Verlauf der Diagnose und Intervention stellt sich jedoch heraus, dass insbesondere das Verfahren zur schriftlichen Subtraktion nicht vollständig beherrscht wird. Hier werden „Regeln“ befolgt, die in manchen Fällen funktionieren, in anderen aber auch angepasst werden, wenn die Aufgabe beispielsweise einen Zehnerübergang erfordert.

Ein weiterer Aspekt, der in diesem Zusammenhang deutlich wird ist, dass auch die schriftlichen Rechenverfahren einen SEB im Sinne Bauersfelds (1983) bilden. In diesem SEB werden Handlungen und Operationen an Ziffern ausgeführt und somit konkurriert dieser mit anderen SEB zu Vorstellungen zu Zahlen als Ganzes. Auch wenn die Schülerin im Verlauf der Intervention behauptet, dass eine Zahl, als Ergebnis einer Subtraktion, „kleiner“ wird (Treffen 6), die Differenz also kleiner ist als der Minuend, erkennt sie dies bei Anwendung des schriftlichen Verfahrens scheinbar nicht (Abbildung 4.14). Zudem nutzt sie beim Zählen in Zehnerschritten sowie beim Kopfrechnen von Aufgaben wie „52 + 8“ und „47 – 20“ die schriftliche Notation (Treffen 4), entweder im Kopf oder auf dem Blatt und kann dabei nicht auf ihre Erfahrungen mit Analogien zurückgreifen, die sie in anderen Kontexten, beispielsweise beim Fortführen einer Reihe oder dem Lösen der Aufgabe auf dem Blatt nennen kann.

Eine solche „Übergeneralisierung“ (Wartha & Schulz, 2019, S. 46) zuvor gelernter Strategien zeigt sich auch in weiteren Situationen im Verlauf der Studie[12].

4.5 Entwicklung der Fördereinheiten und Interventionsbeispiele

Wie bereits aus der Literatur hervorgeht, gibt es keine konkreten Vorgaben, wie bei der detaillierten Planung eines Interventionsvorgehens vorgegangen werden kann (Lorenz & Radatz, 1993, S. 29). Dennoch orientieren sich einige Beispiele an dem mathematischen Inhaltsbereich der Arithmetik und den entsprechenden Grundvorstellungen und Hürden im Lernprozess von Schülerinnen und Schülern (z. B. Kaufmann & Wessolowski, 2015; Wartha & Schulz, 2019). In dieser Arbeit wird gezielt auf die Schwerpunkte der Diagnose eingegangen, wobei sich die Konzeption und Planung der entsprechenden Einheiten an die Leitfäden des Blitzrechen-Kurses nach Wittmann und Müller (z. B. in Krauthausen & Scherer,

[12] Eine tabellarische Übersicht über die Befunde ist in Anhang E im elektronischen Zusatzmaterial einsehbar.

2008, S. 45) sowie an Vorschläge nach Kaufmann und Wessolowski (2015) und Wartha und Schulz (2019) anlehnt[13].

Die Gestaltung der Interventionseinheiten orientiert sich dabei an den Ergebnissen des Diagnosetests sowie den diagnostischen Gesprächen und knüpft entsprechend an die Kompetenzen der Schülerin an. Im Rahmen dieser Erkenntnisse werden Fördereinheiten entwickelt, die mithilfe der in Abschnitt 3.3.2 vorgestellten Arbeits- und Anschauungsmittel auf die Aktivierung bzw. Entwicklung von Grundvorstellungen zu Zahlen, Operationen und Strategien ausgerichtet sind. Da der Erhebungszeitraum der Fallstudie auf drei Monate begrenzt ist, wird in diesem Fall der Fokus auf das Zählen in Schritten, das schrittweise Rechnen bis zum nächsten Zehner, den Zehnerübergang sowie das Verdoppeln und Halbieren gelegt. Zudem werden Rechengeschichten konzipiert, welche unter anderem den Vergleichsaufgaben des DEMAT 2+ Tests ähneln (Krajewski, Liehm, & Schneider, 2004) bzw. die Themen der entsprechenden Einheiten aufgreifen. Eine tabellarische Übersicht über das Interventionsvorgehen mit den Planungsinhalten und Themenfeldern sowie Ausschnitte der Interventionseinheiten befinden sich im Anhang[14].

Im Folgenden werden anhand ausgewählter Beispiele der Intervention, die Lernprozesse bzw. Lernfortschritte der Schülerin exemplarisch dargestellt. Dabei werden hier im Sinne des Case-Study-Ansatzes „Schlüsselszenen" (Pielsticker, 2020, S. 81) ausgewählt, die im Hinblick auf das Forschungsanliegen besonders interessant erscheinen. Anschließend werden einige Vorschläge für eine weitere Förderung der Schülerin vorgestellt.

Zu Beginn jeder Einheit wird ein kurzes Bewegungsspiel gespielt. Anschließend werden einige Aspekte der vorherigen Einheit wieder aufgegriffen. Am Ende einiger Einheiten werden entsprechende Rechengeschichten integriert, wobei der Schwerpunkt darauf liegt, zwischen Handlungen am Material, bildlichen und symbolischen Darstellungen zu wechseln, um Grundvorstellungen zu Operationen und in diesem Zusammenhang das Operationsverständnis zu fördern (Götze, Selter, & Zannetin, 2019, S. 44; Abbildung 2.4).

[13] Weiteres Material, so wie ausgewählte Arbeitsblätter und Spiele, die in dieser Studie eingesetzt werden, wurden unter anderem entnommen aus: Scherer, 2009; Wartha, Hörhold, Kaltenbach, & Schu, 2019; Wittmann & Müller, 1994; Wittmann et al., 2018.

[14] Die zugehörigen Daten sind in Anhang A und G im elektronischen Zusatzmaterial einsehbar.

4.5.1 Zählen in Zehnerschritten

Im Kontext des Zahlverständnisses sowie des Aufbaus von Vorstellungen zu Analogien, wird im Rahmen einiger Interventionseinheiten das Zählen in Zehnerschritten eingeübt, welches der Schülerin den diagnostischen Gesprächen zufolge Schwierigkeiten bereitet (Abschnitt 4.4.3). Am Beispiel dieser Einheiten, wird der Lernprozess der Schülerin exemplarisch aufgezeigt und reflektiert.

Da die Schülerin im Gespräch darauf hinweist, dass sie im Kopf das schriftliche Rechenverfahren zum Zählen in Zehnerschritten bzw. der Berechnung von Aufgaben wie z. B. „45 + 10“ anwendet, wird das Zählen in Zehnerschritten mithilfe des Dienes-Materials aufgearbeitet, um Vorstellungen zum schrittweisen Zählen und zu Analogien anhand des Vierphasenmodells nach Wartha und Schulz (2019) aufzubauen (Tabelle 3.1; Treffen 8). Dazu wird die Schülerin zunächst gebeten, mithilfe des Dienes-Materials ab einer zuvor festgelegten und mit dem Material dargestellten Zahl in Zehnerschritten vorwärts und rückwärts zu zählen. Zunächst (Treffen 8), nutzt die Schülerin dabei die Strategie des Ergänzens bzw. Zurückgehens bis zum nächsten Zehner und addiert bzw. subtrahiert die fehlenden Einer. Hierbei lässt sich möglicherweise auf eine Übergeneralisierung der zuvor thematisierten Strategie des Ergänzens schließen (Treffen 7). Im weiteren Verlauf nennt sie auf Nachfrage die Analogie der Einer und legt beim Zählen jeweils eine Zehnerstange dazu, wobei die Anzahl der Einer unverändert bleibt. So gelingt es der Schülerin am Material in Schritten vorwärts und rückwärts zu zählen.

In der dritten Phase der „verdeckten Handlung“ (Kaufmann & Wessolowski, 2015, S. 49; siehe auch Schulz, 2003, S. 438) in der das Material für die Schülerin nicht sichtbar ist, ergeben sich erneut Schwierigkeiten. In einer Situation, in der unter einem Tuch ab der Zahl drei (in diesem Fall drei Würfel) nacheinander Zehnerstangen hinzugefügt werden, benötigt die Schülerin viel Zeit zum Zählen und vertauscht in ihrem Zählprozess Zehner und Einer, sodass hin und wieder das Tuch weggelegt wird, um den Prozess mit Sicht auf das Material zu unterstützen.

Zu Beginn der nächsten Einheit greift sie zunächst erneut auf die Strategie des Ergänzens zurück (Treffen 9). Auf Nachfrage gelingt es ihr bei der Darstellung am Material immer einen Zehner dazuzulegen bzw. wegzunehmen. Das anschließende Zählen im Kopf, ohne die Nutzung des Materials, gelingt ihr gut. Zu Beginn einer nächsten Einheit (Treffen 10) zählt sie ab einer bestimmten Zahl in Zehnerschritten vorwärts und rückwärts, ohne Unterstützung des Materials. Auch der Übergang von den Zehnern zu den Hundertern gelingt ihr (z. B. 94, 104).

Dieses Beispiel am Zählen in Zehnerschritten zeigt, dass Emma die Handlungen am Material sowie die schrittweise Entwicklung des Verinnerlichungsprozesses nach dem Vierphasenmodell helfen können, Analogien zu erkennen, und Verknüpfungen herzustellen. Wo zuvor die Strategie *„schriftlich im Kopf"*, bzw. der SEB des schriftlichen Rechnens aktiviert wurde, welche viel Zeit in Anspruch genommen hat, kann nun, durch die Arbeit an Grundvorstellungen zu Analogien, in Zehnerschritten im Kopf gezählt werden.

Trotz der Fortschritte, die hier zu beobachten sind, ist es wichtig, weiterhin die Entwicklung von Grundvorstellungen und Verknüpfungen von Erfahrungsbereichen, in diesem Fall das Zählen in Schritten am Material, sowie das Verständnis für Analogien zu fördern.

Ein weiterer Wechsel zwischen Darstellungen, z. B. zwischen der Handlung und der symbolischen Notation ist dabei notwendig, damit Aufgaben wie z. B. „65 – 30" anschließend nicht schrittweise zählend gelöst werden, so wie es in Treffen 9 der Fall war.

4.5.2 Operationsverständnis und Rechengeschichten

Insbesondere beim Lösen von Rechengeschichten wird auch im Verlauf der Intervention immer wieder deutlich, dass Emma den Fokus auf strukturelle Aspekte legt. Sie sucht nach Schlüsselwörtern, die ihr helfen das gegebene Problem zu Mathematisieren und löst die Aufgabe in den meisten Fällen mithilfe eines schriftlichen Rechenverfahrens (Scherer & Moser Opitz, 2010, S. 15). Dabei ist festzustellen, dass der Schülerin die Übersetzung einer Kontextsituation in die Sprache der Mathematik schwerfällt. Entsprechende Grundvorstellungen zu Operationen sind möglicherweise nicht hinreichend ausgebaut oder können in Anwendungskontexten nicht abgerufen werden. Dies zeigt sich beispielsweise darin, dass teilweise die Zahlen einer Aufgabe, meist in Anlehnung an die Schlüsselwörter, kombiniert werden und das Ergebnis als Lösung angegeben wird (Lorenz & Radatz, 1993, S. 34) (vgl. Beispiel 1, Tabelle 4.6). In einigen Fällen werden dabei die Vorgaben der Aufgabe angepasst, sodass die ermittelte Lösung stimmt. Im Hinblick auf diese Ergebnisse der Fehleranalysen, werden Aufgaben zu verschiedenen Grundvorstellungen der Addition und Subtraktion konzipiert, und ein Wechsel der Darstellungen angeregt (z. B. Handlung ↔ symbolische Darstellung) (Götze, Selter, & Zannetin, 2019, S. 44; Kaufmann & Wessolowski, 2015, S. 24 f.; Abbildung 2.4)

Einige Beispiele, welche die Lösungsprozesse und Strategien der Schülerin mithilfe der Theorie der SEB und im Zusammenhang mit Grundvorstellungen beschreiben lassen, bieten die Aufgaben, die im Rahmen der Intervention am Ende einer Einheit bearbeitet werden. Dabei werden unter anderem Aufgaben zur Subtraktion konzipiert, in Anlehnung an die Grundvorstellungen des *Vergleichens* und *Ergänzens*, bei denen die Schülerin unter anderem im DEMAT-Test Schwierigkeiten zeigte. Im Verlauf der Interventionseinheiten bestätigt sich die Hypothese, dass das Schlüsselwort „mehr“, als „Auslöser“ für die Aktivierung des SEB der Addition angesehen werden kann (Bauersfeld, 1983, S. 1). Im Folgenden werden dazu zwei Beispielaufgaben und die entsprechende Bearbeitung der Schülerin vorgestellt und analysiert. Dabei handelt es sich bei der ersten Aufgabe (Abbildung 4.16) nach Schipper (2009) um eine Vergleichs-Aufgabe, bei der eine Ausgangsgröße gesucht wird und welche in der Form „__ + 5 = 15“ bzw. „15 – 5 = __“ dargestellt werden kann.

Lisa hat 15 Legosteine für ihren Turm. Sie hat 5 Legosteine mehr als Klara. Wie viele Legosteine hat Klara?

Abbildung 4.16 Rechengeschichte zur Subtraktion (Lego-Turm) – Vergleichen

In einigen Einheiten zuvor wurden bereits zwei Aufgaben in einem ähnlichen Format bearbeitet (Treffen 7; 9). In beiden Fällen orientiert sich die Schülerin am Schlüsselwort „mehr“, und addiert die Zahlen im Sinne der Vorstellung des *Hinzufügens*. In einer gemeinsamen Reflexion der Aufgaben sowie durch Anregungen der Interviewerin, gelingt es Emma zu entscheiden, wer von den beiden Personen jeweils mehr bzw. weniger Objekte hat. In beiden Fällen berücksichtigt sie anschließend zwar die Differenz der Objektmengen, jedoch ändert sie dabei den Anwendungskontext, sodass ihre zuerst genannte Lösung im Sinne des *Hinzufügens* stimmt, so wie es auch bei der Bearbeitung der Lego-Turm-Aufgabe in Abbildung 4.16 der Fall ist. Hier ergibt sich jedoch eine interessante Situation zu Beginn, als Emma die Aufgabe vorliest (Tabelle 4.7, Treffen 11).

Tabelle 4.7 Erste Reflexion über die Legoturm-Aufgabe

44:51	E	also Klara hat – also wenn Lisa 5 – Lisas Turm hat 5 – 15 Legosteine.
44:58	I	genau.
45:01	E	für ihren Turm. sie, hat.. 5 Legosteine mehr als Klara. hat jetzt Lisa mehr – 5 – 5, Steine mehr als Kla –, fün – hat Lisa jetzt 5 Steine mehr als Kla – als Klara oder hat Klara 5 Steine, mehr als Lisa.

Während sie bei den anderen Aufgaben sofort rechnet, zeigt diese Aussage, dass Emma sich hier mit dem Kontext auseinandersetzt und darüber nachdenkt, wer von den beiden Kindern mehr Steine für den Turm hat. In der weiteren Bearbeitung ergibt sich die Schwierigkeit, dass Emma wie zuvor die Ausgangslage der Aufgabe ändert, um die Lösung der Aufgabe „15 + 5“ auch im Sinne der Grundvorstellung des *Hinzufügens* zu rechtfertigen. Durch mehrere Anregungen, die Aufgabe auch am Lego-Turm zu lösen, gelingt es Emma zuletzt über die Handlung des *Abziehens* von 5 Legosteinen die Aufgabe zu lösen und in der Sprache der Mathematik zu notieren (Abbildung 4.17). Zwar konkurrieren hier weiterhin ihre SEB zur Addition und Subtraktion um Aktivierung, jedoch zeigt der Lösungsprozess der Aufgabe, dass die Schülerin sich im Rahmen einer Reflexion mit dem Kontext auseinandersetzt. Über die Versprachlichung des Kontextes (45:01) und die Handlungen am Lego-Turm eröffnet sich möglicherweise ein neuer SEB, welcher es ihr ermöglicht, das Schlüsselwort „mehr“ über den SEB der Addition im Sinne des *Hinzufügens* hinaus, auch in entsprechenden Kontexten des *Vergleichens* mithilfe der Subtraktion in Verbindung zu bringen, bzw. durch die Erkenntnis, dass Klara „weniger“ Steine für ihren Turm hat, in Bezug zur Grundvorstellung des *Abziehens* zu deuten.

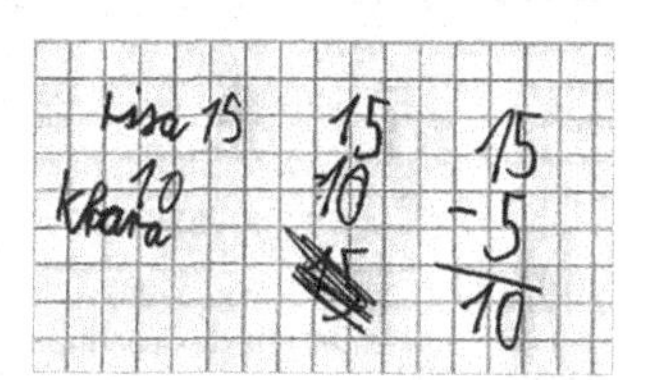

Abbildung 4.17 Lösung der Legoturm-Aufgabe

Auch bei folgender Aufgabe zum *Ergänzen* (Abbildung 4.18) aktiviert die Schülerin den SEB der Addition, im Sinne der Grundvorstellung des *Hinzufügens*. Dabei ist hier zu vermerken, dass die Strategie des Ergänzens zuvor am Hunderterpunktefeld, bzw. am Rechenstrich geübt wurde.

Tom hat 9 Legosteine. Für seinen Turm braucht er 35 Steine.
Wie viele muss er noch suchen, damit er 35 Legosteine hat?

Abbildung 4.18 Rechengeschichte zur Subtraktion (Lego-Aufgabe) – Ergänzen

Abbildung 4.19 Erste Schülerlösung zur Lego-Aufgabe

Nach kurzem Überlegen behauptet Emma, dass sie die Aufgabe mit „zwei Ma –, Methoden rechnen“ (Treffen 11, 37:25) kann. Dazu notiert die Schülerin die Zahlen aus dem Text untereinander, um diese mit Hilfe des schriftlichen Verfahrens zur Addition zu lösen. Als Lösung nennt sie die Zahl 44 (Abbildung 4.19, links). Anschließend berechnet sie die Umkehraufgabe, wobei sie zunächst Minuend und Subtrahend vertauscht, ihre Fehler bei der Notation sowie beim Übertrag in einer gemeinsamen Reflexion jedoch erkennt und korrigiert (Abbildung 4.19, rechts). Daraufhin fragt die Interviewerin, ob Emma ihr die Aufgabenstellung in ihren Worten wiedergeben kann (Tabelle 4.8).

Tabelle 4.8 Begründung zur ersten Schüler-Lösung der Lego-Aufgabe

40:03	I	was möchte ich wissen am Ende. was – was –
40:05	E	wie viele Steine hat er jetzt. – also wie viele Steine muss er noch – wie viele Steine braucht er noch um, 35.. zu haben.
40:14	I	genau. wie viele Steine braucht er noch um 35 zu haben. überleg mal. wie kann ich das rechnen.
40:20	E	44.

In diesem Transkriptauszug zur Lego-Aufgabe (Abbildung 4.18) wird deutlich, dass die Schülerin auf Grundlage der Vorstellung des *Hinzufügens,* welche mit der Aussage „wie viele Steine hat er jetzt“ (40:05) in Verbindung gebracht werden kann, den SEB der Addition aktiviert und somit die Zahlen der Aufgabe entsprechend addiert. Obgleich sie im Anschluss ihre Aussage umformuliert und auf den Aspekt des *Ergänzens* eingeht (40:05), scheint die Vorstellung des *Hinzufügens* zu dominieren, und die Lösung der Aufgabe ist entsprechend 44 (40:20), sowie sie diese mithilfe der schriftlichen Addition bestimmt hat (Abbildung 4.19). Im weiteren Verlauf des Gesprächs regt die Interviewerin Emma zur Reflexion über das Ergebnis an (Tabelle 4.9).

Tabelle 4.9 Transkriptauszug zur Reflexion über die Lego-Aufgabe

40:21	I	mhm., okay 44' … also er hatte am Anfang 9 und braucht noch 44', und dann hat er 35', überleg mal. kann das sein'
40:37	E	Moment... er hat 9 und er will bis zur 35.
40:44	I	genau. er will zur 35., ne' (5sec) du kannst ruhig mal so n Rechenstrich aufmalen wenn du willst. wenn das hilft' hilft das'
40:55	E	mhm –
40:56		[…] *(Emma erklärt ihr Vorgehen am Rechenstrich – Abbildung 4.20)*
42:02	I	genau., kannst du mir jetzt an diesem Bild sagen wie viele Steine noch fehlen', also wie viele er noch suchen muss'
42:09	E	26.
42:10		*(Emma erklärt auf Nachfrage, wie sie darauf kommt, sie rechnet die Schritte zusammen und wählt dabei die "schriftliche Notation")* […]
42:26	I	kannst du mir jetzt ne passende Aufgabe zu diesem Bild schreiben', weil du hast ja jetzt n anderes Ergebnis – 26 – als vorher ne'
42:32	E	mhm –
42:32	I	okay kannst du mir vielleicht ne Aufgabe aus diesem Bild – vielleicht hilft dir ja das Bild.
42:37	E	ich habe hier *(bezieht sich auf die Addition – Abbildung 4.19)* äh –, halt 35 plus 9 gerechnet – aber wir müssen 35 wenn dann minus 9 rechnen.

Am Beispiel dieser Aufgabe wird deutlich, dass eine gemeinsame Reflexion über das Ergebnis, sowie die Darstellung am Anschauungsmittel – hier am Rechenstrich – den Aufbau der Vorstellung des *Ergänzens* fördern kann. Ein Problem dieser Darstellung besteht darin, dass die Verknüpfung zwischen dem *Ergänzen* und der Subtraktionsaufgabe nicht direkt ersichtlich ist (Schipper, 2009, S. 134) (Abbildung 4.20). Eine Voraussetzung der Nutzung dieser Notation besteht somit in einem Verständnis für Umkehraufgaben um eine Verknüpfung zwischen dem *Ergänzen* – „er hat 9 und er will bis zur 35“ (40:37) – und der entsprechenden Subtraktionsaufgabe herzustellen – „wir müssen 35 wenn dann minus 9 rechnen.“ (42:37). Da die Schülerin diese Verknüpfung zwischen Aufgaben zur Vorstellung des *Ergänzens* und Subtraktionsaufgaben bereits herstellen kann, so wie es sich in den diagnostischen Gesprächen und den Interventionseinheiten zum Rechenstrich herausstellt, gelingt es ihr, mithilfe der Darstellung am Rechenstrich, die Aufgabe einerseits *ergänzend*, und andererseits als Subtraktionsaufgabe zu lösen. Diese kann sie anschließend am Rechenstrich entsprechend darstellen und als Subtraktionsaufgabe notieren (Abbildung 4.20).

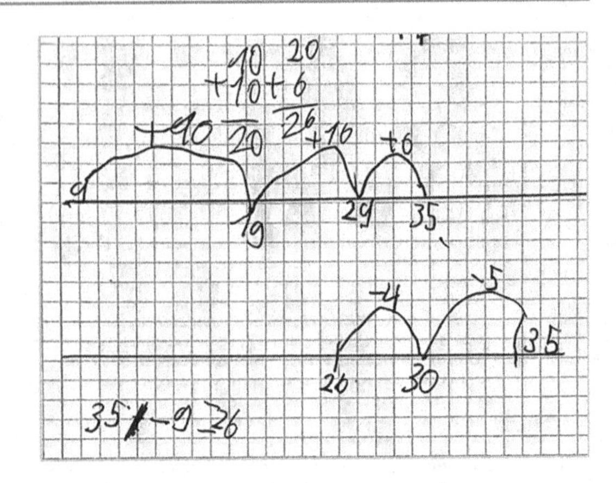

Abbildung 4.20 Berechnung der Lego-Aufgabe am Rechenstrich

Ein weiterer Aspekt ergibt sich aus der anschließenden schriftlichen Notation der Teilschritte der Rechnung, welche die Schülerin selbstständig wählt. Hier stellt sie bereits erste Verknüpfungen zwischen einer schrittweisen Notation der Aufgabe am Rechenstrich und einer symbolischen Darstellung dar, indem die Zwischenergebnisse schrittweise addiert werden. Diese Erkenntnisse über die Fähigkeiten der Schülerin können im Verlauf der Förderung genutzt werden, um beispielsweise das *Ergänzen* zu vertiefen.

Aus diesen Einheiten lässt sich schließen, dass der Austausch über Kontextsituationen sowie die Versprachlichung der Handlungen an Objekten oder am Rechenstrich helfen können, Grundvorstellungen auszubauen und somit ein Verständnis für die Operation der Subtraktion zu fördern. Dieser Aufbau von Grundvorstellungen kann im weiteren Verlauf einer Förderung beispielsweise mit Hilfe des vorgestellten Materials zunächst verstärkt auf der enaktiven, handelnden Ebene (z. B. mithilfe von Würfeln und Legosteinen) sowie auf ikonischer Ebene (wie am Beispiel des Rechenstrichs), vertieft und gefestigt werden (vgl. Abbildung 2.2).

Für den weiteren Verlauf einer Förderung, insbesondere im Hinblick auf die Bearbeitung von Rechengeschichten bzw. Aufgaben in Anwendungskontexten, dem Übersetzen von Realsituationen in eine mathematisch-symbolische Darstellung und die Interpretation des Ergebnisses, lassen sich folgende Aspekte festhalten: Zunächst ist es hilfreich, die Schülerin zur Reflexion anzuregen, an ihrem Vorwissen anzuknüpfen und aus einer normativen Perspektive Grundvorstellungen (insbesondere zur Subtraktion) mithilfe von Arbeits- und Anschauungsmitteln wie beispielsweise dem Rechenstrich zu erweitern und zu festigen.

4.5.3 Verdoppeln

In den letzten Einheiten der Intervention werden das Verdoppeln und Halbieren aufgegriffen. Dabei wird in Anlehnung an das Vierphasenmodell nach Wartha und Schulz (2019) das Dienes-Material eingesetzt, um einerseits die Handlung beim Verdoppeln und Halbieren in den Vordergrund zu stellen und andererseits den Verinnerlichungsprozess dieser Handlungen am Material anzuregen (Tabelle 3.1; Treffen 13; 14). Dabei orientiert sich die Gestaltung der Einheiten an den Darstellungsebenen nach Bruner (1971) (Treffen 12; 13; 14).

An dieser Stelle sei zu erwähnen, dass die Schülerin das Verdoppeln und Halbieren im Zahlenraum bis 20 bereits gut beherrscht, was sich in ihrer Anwendung von Verdopplungsstrategien (Treffen 4), sowie dem Verdoppeln von Augenzahlen eines Würfelergebnisses im Rahmen der Aufwärmübungen zeigt (Treffen 12). Im Folgenden wird am Beispiel des Verdoppelns der Lernfortschritt der Schülerin exemplarisch dargestellt.

Im Rahmen der letzten Einheit (Treffen 14) lässt sich ein ähnliches Vorgehen beim Verdoppeln einer Zahl „auf dem Blatt" beschreiben, so wie es bei Emmas Bearbeitung der Aufgabe des DEMAT-Tests beobachtet und vermutet wurde (vgl. Abbildung 4.7). Während sie zuvor am Material jeweils die Einer und Zehner verdoppelt, und die Mengen anschließend zusammenfügt, zeigt das Vorgehen in Abbildung 4.21[15], dass bei einer Verdopplungsaufgabe in schriftlicher Form, welche einen Zehnerübergang impliziert, lediglich die Einerziffer verdoppelt wird. Dabei geht sie vermutlich wie beim schriftlichen Rechenverfahren vor. Sie merkt sich den Übertrag, und verrechnet diesen mit den restlichen Zehnern. Beim „Merken" bzw. „Notieren" des Übertrags, wechselt sie vermutlich in den SEB des schriftlichen Rechnens mit Ziffern und vergisst dabei die Zehner zu verdoppeln.

Abbildung 4.21
Verdoppeln „auf dem Blatt"

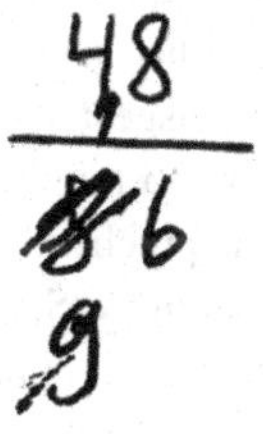

[15] Die Aufgaben zum Verdoppeln sind entnommen aus Wittmann et al., 2018, S. 124.

Daraufhin wird die Handlung des Verdoppelns erneut am Material durchgeführt. Dabei entwickelt die Schülerin schrittweise ein mentales Vorstellungsbild ihrer Handlung, wobei sie auf jeder Darstellungsebene dazu angeregt wird, ihr Vorgehen zu versprachlichen. Sie verdoppelt die Ziffern stellenweise, zunächst die Einer und dann die Zehner, und fügt diese anschließend zu einer Menge zusammen. Im weiteren Verlauf der Einheit gelingt es ihr so auch weitere Zahlen auf einem Blatt zu verdoppeln, die einen Zehnerübergang erfordern.

Da anschließend das Halbieren thematisiert und entsprechend schrittweise durch die Handlung am Material vertieft wird, bereitet der Schülerin das Verdoppeln am Ende der Einheit erneut Schwierigkeiten, die anfangs zu beobachten sind. Dies lässt sich möglicherweise als Regression – ein Rückfall in vorherige Entwicklungsstadien (Bauersfeld, 1983, S. 43) – deuten, da sich das Verfahren in dieser kurzen Zeit nicht festigen kann und zudem mit dem Verfahren des Halbierens verwechselt wird.

Im Hinblick auf eine weitere Förderung lässt sich festhalten, dass eine schrittweise Ablösung von Materialhandlungen und die entsprechende Versprachlichung hilfreich ist. Dabei sollten kurze Einheiten zu einem Thema (z. B. das Verdoppeln oder Halbieren) durchgeführt werden, um eine Verwechslung bzw. einen Rückfall zu fehlerhaften Strategien (hier einer Mischform aus dem Verdoppeln der Einerziffer und dem schriftlichen Rechenverfahren im Sinne des Rechnens mit Übertrag) zu vermeiden.

4.5.4 Ergebnisse des Post-Tests (DEMAT 2+)

Zum Abschluss der Intervention dieser Fallstudie, wird der DEMAT 2+ Test (Krajewski, Liehm, & Schneider, 2004) im Sinne einer Lernergebnisdiagnose am 07.05.21 erneut durchgeführt (Hußmann, Leuders, & Prediger, 2007). Die Schülerin ist wie beim ersten Test an diesem Vormittag nicht in der Schule gewesen und hat auch zuvor keine Tablette eingenommen.

Insgesamt erzielt die Schülerin bei der erneuten Durchführung des Tests 24 von 36 möglichen Punkten. Daraus ergibt sich für Mädchen in der dritten Klasse entsprechend ein Prozentrang$_{(ges)}$ von 65, der T-Wert$_{(ges)}$ liegt bei 55 (Krajewski, Liehm, & Schneider, 2004, S. 38)[16]. Im Vergleich zu den Ergebnissen des ersten Tests, mit einem Prozentrang$_{(ges)}$ von 32, und einem T-Wert$_{(ges)}$ von 45, lässt sich hier eine positive Entwicklung beschreiben. Diese lässt sich unter anderem auch

[16] Die entsprechenden Ergebnisprofile sind in Anhang B im elektronischen Zusatzmaterial einsehbar.

darauf zurückführen, dass einige Themen, die im Test vorkommen zur selben Zeit in der Schule thematisiert wurden, wie z. B. das Rechnen mit Geld.

Bei den Aufgaben zum Längenvergleich und der Division, sowie der Geometrie, welche im Rahmen der Intervention lediglich an einigen Beispielaufgaben durchgeführt wird, erzielt die Schülerin jeweils die volle Punktzahl. Auch bei der Aufgabe zum Ergänzen bis 100 im Kontext des Geldrechnens löst die Schülerin dieses Mal drei der vier Aufgaben richtig.

Bei den Aufgaben zu Zahleigenschaften – gerade und ungerade Zahlen – kreuzt die Schülerin im zweiten Fall, als sie die ungeraden Zahlen ankreuzen soll, die geraden an, was möglicherweise auf einen Mangel an Konzentration bzw. ein Missverständnis zurückzuführen ist. Im Hinblick auf die Identifikation der geraden Zahlen, lässt sich im anschließenden Gespräch ein interessanter Aspekt feststellen, als Emma gefragt wird, warum sie zunächst die Zahl 38 ankreuzen wollte, und dies anschließend doch nicht getan hat. Sie erklärt: „ich konnte die 8 halbieren aber die 3 nicht. […]" (Treffen 15, 38:36). Im Sinne Bauersfelds (1983) lässt sich hier vermutlich eine Regression beschreiben. Obwohl die Schülerin in den Diagnose- und Interventionseinheiten zeigt, dass gerade Zahlen an der Einerziffer identifiziert werden können und sich die Zehn „immer teilen" lässt (Treffen 13, 01:20 (2)), scheint sie nicht auf dieses Wissen zurückzugreifen.

Wie auch in anderen Situationen richtet sie in dieser Testsituation den Fokus auf die Ziffern der Stellenwerte, ohne dabei die Gesamtheit der Zahlen und die entsprechenden Zahlwerte zu berücksichtigen. Auch im Zusammenhang mit den Additions- und Subtraktionsaufgaben, welche unter anderem im Sinne der Grundvorstellung des *Ergänzens* gelöst werden können, lassen sich ähnliche Schlüsse ziehen. Wie Abbildung 4.22 exemplarisch zeigt, werden in diesem Fall bei allen Aufgaben jeweils die Absolutbeträge der Differenzen bestimmt. Während dies bei den Subtraktionsaufgaben in drei der vier Fälle möglich ist (Abschn. 4.4.1), gilt es bei den Aufgaben zur Addition den Zehnerübergang zu berücksichtigen. In diesem Zusammenhang sollte das Operationsverständnis der Schülerin, z. B. über das schrittweise Rechnen am Rechenstrich und die Grundvorstellung des *Ergänzens* weiterhin gefördert werden.

Die Rechengeschichten kann Emma in diesem Testdurchlauf gut lösen und löst drei der vier Aufgaben richtig. Die Bearbeitung der ersten Aufgabe liefert Hinweise dafür, dass die Schülerin hier zwar zunächst das Schlüsselwort „mehr" im Sinne der Grundvorstellung des *Hinzufügens* deutet, bei der Lösung dieser Aufgabe jedoch ein kognitiver Konflikt entsteht (Abbildung 4.23). So wie in einigen Interventionseinheiten scheint Emma im Hinblick auf den Anwendungskontext zu erkennen, dass Lilli in diesem Fall weniger Sticker hat als Leo. Obgleich sie hier scheinbar erneut die Ausgangslage ändert und notiert, dass Lilli 56 Sticker hat,

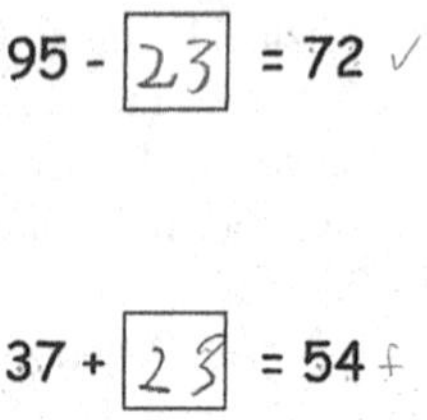

Abbildung 4.22 Addition und Subtraktion – DEMAT 2+ (Krajewski, Liehm, & Schneider, 2004)

95 - [23] = 72 ✓

37 + [23] = 54 f

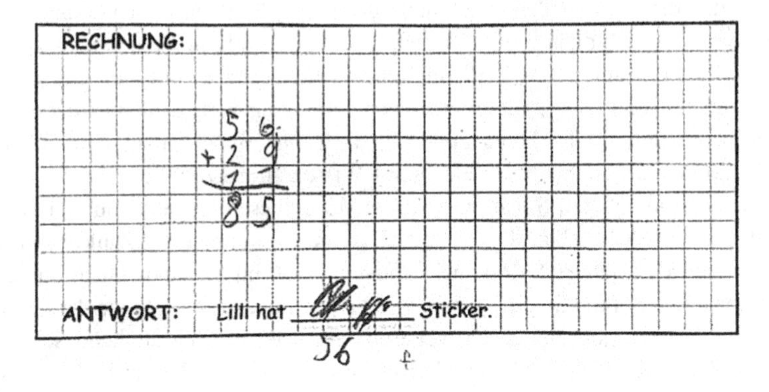

Abbildung 4.23 Aufgabe zum Vergleichen – DEMAT 2+ (Krajewski, Liehm, & Schneider, 2004)

während sie Leo vermutlich die 85 Sticker zuschreibt, werden hier erste Aspekte einer Reflexion der Aufgabe und Ergebnisse deutlich. Dabei ist zu vermerken, dass Emma sich nicht sicher ist, ob das Ergebnis stimmt. In einem anschließenden Gespräch über die Aufgabe kann sie mithilfe des Dienes-Materials zeigen, dass hier die Differenz der Zahlen 56 und 29 gefragt ist. Im Hinblick auf die Vorstellung des *Vergleichens*, lassen sich hier Fortschritte beschreiben, an denen es im weiteren Verlauf der Förderung anzuknüpfen gilt. Somit können diese Ergebnisse neben einer Andeutung auf ein Lernergebnis wiederum auch als Interpretation der Lernausgangslage dienen, um bei der Planung und Gestaltung der Förderung an den Kompetenzen der Schülerin, sowie den Hürden anzuknüpfen, die sich im Rahmen eines Tests oder auch bei einem diagnostischen Gespräch über eine Aufgabe oder einen Fehler feststellen lassen.

4.6 Beantwortung der Forschungsfragen und Reflexion

Im folgenden Kapitel werden die Ergebnisse der Fallstudie im Hinblick auf die Forschungsfragen zusammenfassend dargestellt. Hier bleibt zu betonen, dass sich die Beantwortung der Fragen auf die angelegte Fallstudie bezieht, mit dem Ziel, den einzelnen Fall zu verstehen und daraus, im Sinne des Case-Study-Ansatzes, Anregungen für weitere Forschungsfragen und -anliegen abzuleiten (Stake, 1995, S. 4; Yin, 2003, S. 153).

Im Hinblick auf die erste Forschungsfrage über die Vorstellungen von Mathematik, bzw. das Mathematikbild der Schülerin lässt sich festhalten, dass sie die Mathematik als eine *Welt der Zahlen* darstellt, die sich von der Sprache bzw. dem Unterrichtsfach Deutsch als *Welt der Buchstaben* abgrenzt. Dabei lassen sich Gemeinsamkeiten zu den Inhaltsbereichen der Grundschulmathematik erkennen, wobei sich die Mathematik neben der *Welt der Zahlen* auch als eine *Welt der Größen* und *Formen* charakterisieren lässt.

Eine wichtige Rolle spielt dabei ihre *Zählwelt*, das Zählen bzw. Abzählen von Mengen. In diesem Zusammenhang lässt sich vermuten, dass Referenzobjekte ihrer Umwelt den Objektbereich der *Zählwelt* charakterisieren. Dazu zählen beispielsweise ihre Hände, Notenlinien, sowie Takte beim Tanzen. Interessant ist hierbei, dass sie die Mathematik nicht nur als Unterrichtsfach in der Schule erkennt, so wie es die Eltern und Lehrkraft vermuten. Sie beschreibt die Mathematik in ihrer Umwelt und erwähnt dabei auch Vorgehensweisen (z. B. das Zählen), die sich in gewissen Situationen in ihrer Herangehensweise an mathematische Aufgaben wiedererkennen lassen – z. B. im zählenden Rechnen oder der Darstellung von Zahlzerlegungen an ihren Händen. Zudem lassen sich ihre Vorstellungen in diesem Zusammenhang als eine *Rechenwelt* beschreiben, in der insbesondere die Rechenoperationen der Addition und Subtraktion – „Plus und Minus" – eine wichtige Rolle spielen. Im Verlauf der Diagnose und Intervention kommt die Vermutung auf, dass Ziffern die Objekte ihrer *Rechenwelt* darstellen, an denen sie Handlungen und Operationen ausführt.

Darüber hinaus wäre es interessant zu untersuchen, wie sich die Vorstellungen sowie das Mathematikbild der Schülerin im Laufe der Zeit weiterentwickeln bzw. verändern, insbesondere beim Schulwechsel von der Grundschule zur weiterführenden Schule.

In Bezug auf die zweite Forschungsfrage ergab eine kompetenz- und prozessorientierte Diagnose, dass eine Hürde der Schülerin insbesondere beim Operationsverständnis und dem Wechsel entsprechender Darstellungen liegt. Die Hürde des zählenden Rechnens bzw. die Nutzung von Zählstrategien, lässt sich in den beobachteten Situationen möglicherweise, z. B. infolge mangelnder Konzentration, als Regression im Sinne Bauersfelds (1983) beschreiben.

Im Hinblick auf die Hürde des zählenden Rechnens sollte weiterhin der Fokus darauf liegen, die Ablösung beispielsweise durch den Einsatz von Arbeits- und Anschauungsmitteln zu fördern, mit dem Ziel, „[mentale] Vorstellungsbilder und Operationen" (Schulz, 2014, S. 296) auf- und auszubauen.

Die Hinzunahme des Dienes-Materials, welches in dieser Fallstudie verwendet wurde, kann die Schülerin dabei unterstützen, ihre bereits aufgebauten Grundvorstellungen zu Zahlen und Operationen anzuregen und diese weiter auszubauen. Wichtig ist dabei, dass das Material nicht als *Lösungshilfe* zugunsten des zählenden Rechnens, sondern vielmehr als *Lernhilfe* genutzt wird (z. B. Schipper, 2009, S. 111, 292; Schulz, 2014, S. 76 ff.), um beispielsweise Analogien zu erkennen. Im Hinblick auf den Einsatz des Dienes-Materials sei zu vermerken, dass es die Schülerin in einigen Fällen ablenkt, und sie es z. B. zum Bauen von Türmen verwendet. Hier wäre weiterhin zu untersuchen, ob und wie die Ablösung des zählenden Rechnens im Laufe der Zeit erfolgen kann.

Ein weiterer Aspekt, der sich in dieser Studie zeigt ist, dass die Schülerin in vielen Situationen auf die Strategien des schriftlichen Rechnens bzw. das Rechnen mit Ziffern zurückgreift und diese zum Teil verstärkt einsetzt. So wie es Gaidoschik (2020) und Scherer und Moser Opitz (2010) erwähnen, führen Strategien, die Emma unverstanden anwendet, zu Fehlern bei der Aufgabenbearbeitung, insbesondere wenn diese einen Zehnerübergang oder ein Operationsverständnis im Zusammenhang mit Platzhalteraufgaben erfordern.

In einigen Situationen scheinen diese Strategien die Aktivierung anderer Grundvorstellungen zu erschweren, bspw. zu Zahlen als Ganzes und Operationen, wenn es z. B. darum geht in Schritten zu Zählen oder Zahlen zu halbieren. Dabei scheint insbesondere das Verständnis für das schriftliche Subtraktionsverfahren nicht ausgeprägt zu sein, da sie vermehrt die Reihenfolge der Rechnung durcheinanderbringt und ihre Fehler oftmals nicht erkennt, auch wenn bspw. die Differenz zweier Zahlen größer ist als der Minuend.

Obwohl die Leistungen der Schülerin nach Aussagen der Eltern in den letzten Klassenarbeiten gut ausgefallen sind, sollten weiterhin die Grundvorstellungen zu Zahlen, sowie insbesondere Operationen und Strategien gefördert werden, um die Schülerin unter anderem im Umgang mit Rechengeschichten zu stärken. Dabei sei auf einen Aspekt verwiesen, den Gaidoschik (2020) aufzeigt. Da Emma verstärkt auf schriftliche Rechenverfahren zurückgreift, könnte es sich hierbei im Bereich der Addition und Subtraktion um ein *Zwischenhoch* handeln, welches durch die Einführung der schriftlichen Rechenverfahren begünstigt wird (S. 51). Während Emma in den letzten Mathetests die Rechenaufgaben mithilfe des schriftlichen Verfahrens korrekt lösen kann, gelingt ihr dies bei der Bearbeitung von Platzhalteraufgaben zur Addition bzw. Subtraktion im DEMAT 2+ Test nicht. Da dieses Verfahren erst kürzlich durch die Eltern eingeführt wurde und die Schülerin von sich aus behauptet, dass es ihr Spaß macht, so wie es auch in ihrer schriftlichen Notation einfacher Kopfrechenaufgaben (Scherer & Moser Opitz, 2010, S. 157), z. B. „10 + 10“ und „52 + 8“ deutlich wird, wäre eine längerfristige Untersuchung dieser Strategie und dessen Auswirkungen sinnvoll.

Im Sinne des flexiblen Rechnens und des Kopfrechnens empfiehlt sich eine Reflexion über mögliche Rechenstrategien, wie z. B. das schrittweise Rechnen und das Rechnen mit Hilfsaufgaben, welche die Schülerin beispielsweise im Zusammenhang mit dem Rechenstrich von sich aus initiiert.

Im Hinblick auf die ausgewählten Fördereinheiten, die in Abschnitt 4.5 beschrieben werden, sowie in dem Ergebnis des Post-Tests, lassen sich Fortschritte feststellen. Ein handelnder Umgang mit entsprechendem Material und eine anschließende Übersetzung in eine symbolische Darstellung können den Ausbau von Grundvorstellungen und ein Verständnis, z. B. für Analogien beim Zählen in Zehnerschritten, oder das Vorgehen beim Verdoppeln fördern. Da die Schülerin hin und wieder Schwierigkeiten beim Wechsel der Darstellungen hat, ist es wichtig, Handlungen sowie Vorgehensweisen zu versprachlichen und zu reflektieren.

Neben Fortschritten lassen sich auch vereinzelt Rückschritte feststellen, z. B. der Rückfall auf Zählstrategien, oder die Übergeneralisierung zuvor thematisierter Strategien. In dieser Hinsicht erscheint es sinnvoll, der Schülerin die Möglichkeit zusätzlicher Förderung zu bieten. Im Rahmen kurzer Übungseinheiten könnte z. B. in Anlehnung an die Inhalte des Blitzrechen-Kurses nach Wittmann und Müller (siehe bspw. Krauthausen & Scherer, 2008, S. 45) das Zählen in Schritten, Ergänzen, Verdoppeln und Halbieren geübt werden.

An dieser Stelle sei abschließend auf die Grenzen der Fallstudie verwiesen. Da diese in einem begrenzten Zeitraum von drei Monaten durchgeführt wurde, wurde hier nur der Bereich der Zahlen und Operationen näher betrachtet. Zudem wurde die Untersuchung z. B. auf die Operationen der Addition und Subtraktion beschränkt. Interessant wäre darüber hinaus eine Untersuchung der Vorstellungen zur Multiplikation und Division. Eine langfristigere Intervention und Beobachtung wären hier notwendig, um weitere Aussagen über Lernprozesse und -fortschritte treffen zu können.

Hinzu kommen äußere Einflussfaktoren wie beispielsweise die Covid-19-Pandemie, welche den schulischen Kontext einschränkt und den Unterricht in diesem Fall hauptsächlich in die Verantwortung der Eltern überträgt. Da die Schülerin im Zusammenhang mit den geltenden Verordnungen von zu Hause unterrichtet und bspw. das schriftliche Rechenverfahren von den Eltern eingeführt wurde, wären hier im Rahmen weiterer Studien die Auswirkungen des Rechnens mit Ziffern, sowie die Entwicklung und Nutzung weiterer Strategien zu untersuchen. Zudem kommt in diesem Fall hinzu, dass die Treffen zu unterschiedlichen Tageszeiten (vormittags oder nachmittags) stattfanden, und die Konzentrationsleistung der Schülerin zudem an manchen Treffen durch die Einnahme bzw. Nichteinnahme von Tabletten beeinflusst wurde. So schien die Schülerin an Vormittagen, sowie nach der Einnahme von Tabletten konzentrierter und aufnahmefähiger. Im Rahmen dieser Arbeit lassen sich jedoch keine Schlüsse über mögliche Zusammenhänge ziehen.

5 Fazit und Ausblick

Aus den Ergebnissen der in dieser Arbeit angelegten Fallstudie geht hervor, dass durch die Betrachtung eines einzelnen Falls einer Grundschülerin mit attestierter Dyskalkulie interessante Erkenntnisse über den Fall selbst, sowie Anregungen für weitere Forschungsanliegen gewonnen werden können. Hier wird deutlich, dass bereits durch eine kurze aber intensive Beschäftigung mit den Vorstellungen, Denkweisen sowie Lösungsprozessen von Aufgaben der Schülerin, Hinweise auf ihre Kompetenzen, Schwierigkeiten und Hürden aufgezeigt werden können.

Der Case-Study-Ansatz nach Yin (2003) und Stake (1995) bietet in diesem Zusammenhang eine gute Grundlage, um verschiedene Perspektiven zu betrachten und Einblicke in den Fall zu gewinnen. Dabei wird im Rahmen dieser Fallstudie deutlich, dass dieser Ansatz, insbesondere im Hinblick auf die Identifikation und Berücksichtigung verschiedener Datenquellen, im Gegensatz zu standardisierten Testverfahren ein ganzheitliches Bild eines Falls ermöglicht und somit Perspektiven für weitere Diagnose- und Fördermöglichkeiten eröffnet.

Das Interview zu den Vorstellungen von Mathematik, sowie fortlaufende diagnostische Gespräche und die Reflexion von Lösungsprozessen mit der Schülerin bieten eine gute Basis, um Lernprozesse der Schülerin zu beschreiben, welche Hinweise für eine mögliche Förderung bieten. Hier lässt sich zusammenfassend festhalten, dass für eine kompetenz- und prozessorientierte Diagnose sowohl die Gespräche und Interviews, als auch die persönliche Begleitung und Intervention, selbst über einen kurzen Zeitraum von zwei Monaten von Bedeutung sein können.

Insgesamt kann ein Einblick in die Vorstellungen bzw. das Mathematikbild der Schülerin erste Hinweise über ihre Denkweisen, sowie ihre Erfahrungswelten, entsprechende Verknüpfungen und mögliche „Konkurrenzen" liefern, die in dieser Fallstudie beschrieben werden. Dabei lassen sich die Vorstellungen der Schülerin bzw. mögliche Vorgehensweisen und Lernprozesse mithilfe der Theorie der SEB beschreiben. Eine normative Dimension bietet die Orientierung an

J. Knöppel, *Dyskalkulie als Phänomen in der Grundschule aus mathematikdidaktischer Perspektive,* BestMasters,
https://doi.org/10.1007/978-3-658-39006-8_5

Grundvorstellungen, die zu bestimmten Inhaltsbereichen der Mathematik aufgebaut werden. Dazu ist es im Hinblick auf eine Rechenschwäche von Nutzen, Grundvorstellungen zu Inhaltsbereichen in den Blick zu nehmen und diese in verschiedenen Aufgabenkontexten anzuregen.

Eine Untersuchung der Nutzung von Strategien erscheint ebenfalls sinnvoll, um Fehler zu erkennen und im Rahmen einer gemeinsamen Reflexion entsprechend daran anzuknüpfen. Wie sich aus den Lernfortschritten der Schülerin im Rahmen dieser kurzen, zweimonatigen Intervention schließen lässt, bieten zum einen das Vierphasenmodell zum Aufbau von Grundvorstellungen nach Wartha und Schulz (2019) in Verbindung mit den verschiedenen Darstellungsmethoden nach Bruner (1971) – enaktiv, ikonisch, symbolisch – eine gute Grundlage zur Konzeption und Durchführung von Fördereinheiten, um das Verständnis für mathematische Inhalte zu fördern.

Darüber hinaus wäre es interessant zu untersuchen, wie sich die Vorstellungen der Schülerin im Laufe der Zeit entwickeln und verändern, z. B. beim Schulwechsel, und wie sich ihre Auffassungen bzw. *belief systems* nach Schoenfeld (1985) auf ihre Problemlösekompetenzen und Strategien auswirken.

Ein weiterer interessanter Aspekt, der über diese Fallstudie hinausgeht, basiert darauf, dass die Schülerin zu Zeiten der Covid-19-Pandemie zeitweise zu Hause von den Eltern unterrichtet wurde, wobei beispielsweise die Einführung des schriftlichen Rechnens in der Hand der Eltern lag. Aus dem Interview geht hervor, dass die Eltern zu ihrer Schulzeit primär dieses Verfahren gelernt haben und sich somit nicht über die Notwendigkeit und Vorteile verschiedener Verfahren, z. B. des schrittweisen Rechnens bewusst sind. Hier wäre es interessant herauszufinden, welche Strategien andere Eltern mit ähnlichen Erfahrungen ihren Kindern z. B. bei der Bearbeitung von Hausaufgaben oder im Distanzunterricht nahelegen und ob sich Zusammenhänge zwischen der Vorgehensweise der Eltern und dem Rechnen der Kinder zeigen, so wie in dieser Fallstudie beispielsweise ein verstärkter Einsatz schriftlicher Rechenverfahren.

Literaturverzeichnis

Bauersfeld, H. (1983). Subjektive Erfahrungsbereiche als Grundlage einer Interaktionstheorie des Mathematiklernens und -Lehrens. In *Lernen und Lehren von Mathematik. Analysen zum Unterrichtshandeln II* (S. 1–56). Köln: Aulius-Verlag Deubner.

Bauersfeld, H. (1985). Ergebnisse und Probleme von Mikroanalysen mathematischen Unterrichts. In W. Dörfler, & R. Fischer (Hrsg.), *Empirische Untersuchungen zum Lehren und Lernen von Mathematik* (S. 7–25). Wien: Hölder-Pichler-Tempsky.

Blum, W., & Leiß, D. (2005). Modellieren im Unterricht mit der „Tanken"-Aufgabe. *mathematik lehren*, 18–21.

Bruner, J. S. (1971). Über kognitive Entwicklung. In J. S. Bruner (Hrsg.), *Studien zur kognitiven Entwicklung* (1. Aufl., S. 21–53). Stuttgart: Ernst Klett Verlag.

Buchner, C. (2018). *Das Phantom Dyskalkulie. Warum Mathematikdidaktik in der Grundschule neu gedacht werden muss* (1. Aufl.). Weinheim Basel: Beltz.

Bugden, S., & Ansari, D. (2015). How can cognitive developmental neuroscience constrain our understanding of developmental dyscalculia? In S. Chinn, *The Routledge International Handbook of Dyscalculia and Mathematical Learning difficulties* (S. 18–43). Oxon, New York: Routledge.

Burscheid, H. J., & Struve, H. (2020). *Mathematikdidaktik in Rekonstruktionen. Band 1: Grundlagen von Unterrichtsinhalten* (2. Aufl.). Wiesbaden: Springer.

Dehaene, S. (1992). Varieties of numerical abilities. *Cognition, 44*, 1–42.

Dehaene, S., Piazza, M., Pinel, P., & Cohen, L. (2003). Three Parietal Circuits For Number Processing. *Cognitive Neuropsychology*, 487–506.

Deutsche Gesellschaft für Kinder- und Jugendpsychiatrie, P. u. (2007). *Leitlinien zur Diagnostik und Therapie von psychischen Störungen im Säuglings-, Kindes- und Jugendalter.* Köln: Deutscher Ärzte-Verlag.

Dilling, F., Pielsticker, F., & Witzke, I. (2019). Grundvorstellungen Funktionalen Denkens handlungsorientiert ausschärfen – Eine Interviewstudie zum Umgang von Schülerinnen und Schülern mit haptischen Modellen und Funktionsgraphen. *mathematica didactica*, 1–18.

Dilling, H., & Freyberger, H. J. (2016). *ICD-10. Taschenführer zur ICD-10-Klassifikation psychischer Störungen* (8. Aufl.). Bern: Hogrefe.

Fischer, U., Roesch, S., & Moeller, K. (2017). Diagnostik und Förderung bei Rechenschwäche. Messen wir, was wir fördern wollen? *Lernen und Lernstörungen, 6*(1), 25–38.

J. Knöppel, *Dyskalkulie als Phänomen in der Grundschule aus mathematikdidaktischer Perspektive*, BestMasters,
https://doi.org/10.1007/978-3-658-39006-8

Gaidoschik, M. (2020). *Rechenschwäche – Dyskalkulie. Eine unterrichtspraktische Einführung für LehrerInnen und Eltern* (11. Aufl.). Hamburg: Persen.

Gopnik, A. (2010). Kleinkinder begreifen mehr. *Spektrum der Wissenschaft*, 68–73.

Götze, D., Selter, C., & Zannetin, E. (2019). *Das KIRA-Buch: Kinder rechnen anders. Verstehen und Fördern im Mathematikunterricht* (1. Aufl.). Hannover: Klett Kallmeyer.

Häsel-Weide, U., & Nührenbörger, M. (2013). *Fördern im Mathematikunterricht.* Frankfurt am Main: Grundschulverband.

Hess, K. (2012). *Kinder brauchen Strategien. Eine frühe Sicht auf mathematisches Verstehen* (1. Aufl.). Seelze: Klett Kallmeyer.

Hußmann, S., Leuders, T., & Prediger, S. (2007). Schülerleistungen verstehen – Diagnose im Alltag. *Praxis der Mathematik, 49*(15), 1–8.

Jacobs, C., & Petermann, F. (2005). *Diagnostik von Rechenstörungen.* Göttingen: Hogrefe.

Kaufmann, S., & Lorenz, J. H. (2006). *Förder/Diagnose Box Mathe.* Braunschweig: Schroedel.

Kaufmann, S., & Wessolowski, S. (2015). *Rechenstörungen. Diagnose und Förderbausteine* (5. Aufl.). Seelze: Klett Kallmeyer.

KMK. (2004). *Bildungsstandards im Fach Mathematik für den Primarbereich.* München, Neuwied: Luchterhand.

Krajewski, K., Liehm, S., & Schneider, W. (2004). *DEMAT 2+. Deutscher Mathematiktest für zweite Klassen.* Göttingen: Beltz Test GmbH.

Krauthausen, G., & Scherer, P. (2008). *Einführung in die Mathematikdidaktik* (3. Aufl.). Heidelberg: Spektrum Akademischer Verlag.

Kuhn, J.-T., Raddatz, J., Holling, H., & Dobel, C. (2013). Dyskalkulie vs. Rechenschwäche: Basisnumerische Verarbeitung in der Grundschule. *Lernen und Lernstörungen, 2*(4), 229–247.

Kuhn, J.-T., Schwenk, C., Souvignier, E., & Holling, H. (2019). Arithmetische Kompetenz und Rechenschwäche am Ende der Grundschulzeit: die Rolle statusdiagnostischer und lernverlaufsbezogener Prädiktoren. *Empirische Sonderpädagogik*, 95–117.

Lorenz, J. H. (2003). *Lernschwache Rechner fördern. Ursachen der Rechenschwäche. Frühhinweise auf Rechenschwäche. Diagnostisches Vorgehen.* Berlin: Cornelsen.

Lorenz, J. H. (2003a). Überblick über Theorien zur Entstehung und Entwicklung von Rechenschwächen. In A. Fritz, G. Ricken, & S. Schmidt (Hrsg.), *Rechenschwäche. Lernwege, Schwierigkeiten und Hilfen bei Dyskalkulie* (S. 144–162). Weinheim, Basel, Berlin: Beltz.

Lorenz, J. H., & Radatz, H. (1993). *Handbuch des Förderns im Mathematikunterricht.* Braunschweig: Schroedel.

Mayring, P. (2015). *Qualitative Inhaltsanalyse. Grundlagen und Techniken* (12. Aufl.). Weinheim und Basel: Beltz.

Mayring, P. (2016). *Einführung in die qualitative Sozialforschung. Eine Anleitung zu qualitativem Denken* (6. Aufl.). Weinheim und Basel: Beltz.

Meyer, M. (2010). Wörter und ihr Gebrauch – Analyse von Begriffsbildungsprozessen im Mathematikunterricht. In G. Kadunz, *Sprache und Zeichen. Zur Verwendung von Linguistik und Semiotik in der Mathematikdidaktik* (S. 49–82). Hildesheim: Franzbecker.

Ministerium für Schule und Weiterbildung des Landes Nordrhein-Westfalen (Hrsg.). (2008). *Richtlinien und Lehrpläne für die Grundschule in Nordrhein-Westfalen* (1. Aufl.). Düsseldorf: Ritterbach.

Moser Opitz, E. (2007). *Rechenschwäche/Dyskalkulie. Theoretische Klärungen und empirische Studien an betroffenen Schülerinnen und Schülern.* Bern: Haupt.

Padberg, F., & Benz, C. (2011). *Didaktik der Arithmetik für Lehrerausbildung und Lehrerfortbildung* (4. Aufl.). Heidelberg: Spektrum Akademischer Verlag.

Pielsticker, F. (2020). *Mathematische Wissensentwicklungsprozesse von Schülerinnen und Schülern. Fallstudien zu empirisch-orientiertem Mathematikunterricht mit 3D-Druck.* Wiesbaden: Springer Spektrum.

Prediger, S., Link, M., Hinz, R., Hußmann, S., Thiele, J., & Ralle, B. (2012). Lehr-Lernprozesse initiieren und erforschen – Fachdidaktische Entwicklungsforschung im Dortmunder Modell. Abgerufen am 03.05.2021 von www.mathematik.tu-dortmund.de/~prediger/veroeff/12-Prediger_et_al_MNU_FUNKEN_Webversion.pdf

Ratzka, N. (2003). *Mathematische Fähigkeiten und Fertigkeiten am Ende der Grundschulzeit. Empirische Studien im Anschluss an TIMSS.* Hildesheim, Berlin: Franzbecker.

Scherer, P. (1996). „Das kann ich schon im Kopf". Zum Einsatz von Arbeitsmitteln und Veranschaulichungen im Unterricht mit lernschwachen Schülern. *Grundschulunterricht, 43*(3), 24–56.

Scherer, P. (2009). *Produktives Lernen für Kinder mit Lernschwächen: Fördern durch Fordern. Band 1: Zwanzigerraum* (5. Aufl.). Horneburg: Persen.

Scherer, P., & Moser Opitz, E. (2010). *Fördern im Mathematikunterricht der Primarstufe.* Heidelberg: Spektrum Akademischer Verlag.

Schipper, W. (2009). *Handbuch für den Mathematikunterricht an Grundschulen.* Braunschweig: Schroedel.

Schlicht, S. (2016). *Zur Entwicklung des Mengen- und Zahlbegriffs.* Wiesbaden: Springer.

Schneider, W., Küspert, P., & Krajewski, K. (2016). *Die Entwicklung mathematischer Kompetenzen* (2. Aufl.). Paderborn: Schöningh.

Schoenfeld, A. (1985). *Mathematical Problem Solving.* California: Academic Press.

Schulz, A. (2003). Integrative Lerntherapie – eine außerschulische Hilfe für Kinder mit Rechenschwäche. In A. Fritz, G. Ricken, & S. Schmidt (Hrsg.), *Rechenschwäche. Lernwege, Schwierigkeiten und Hilfen bei Dyskalkulie* (S. 429–443). Weinheim, Basel, Berlin: Beltz.

Schulz, A. (2014). *Fachdidaktisches Wissen von Grundschullehrkräften. Diagnose und Förderung bei besonderen Problemen beim Rechnenlernen.* Wiesbaden: Springer Spektrum.

Söbbeke, E., & Steinbring, H. (2004). Was ist Mathematik? – Vorstellungen von Grundschulkindern. In P. Scherer, & D. Bönig (Hrsg.), *Mathematik für Kinder – Mathematik von Kindern* (Bd. 117, S. 26–38). Frankfurt am Main: Grundschulverband – Arbeitskreis Grundschule e.V.

Stake, R. E. (1995). *The Art of Case Study Research.* Thousand Oaks, London, New Delhi: Sage Publications.

Strübing, J. (2018). *Qualitative Sozialforschung. Eine komprimierte Einführung* (2. Aufl.). Berlin: Walter de Gruyter.

vom Hofe, R. (1992). Grundvorstellungen mathematischer Inhalte als didaktisches Modell. *Journal für Mathematik-Didaktik*, 345–364.

von Aster, M. (2013). Wie kommen Zahlen in den Kopf? Ein Modell der normalen und abweichenden Entwicklung zahlenverarbeitender Hirnfunktionen. In M. von Aster, & J. H. Lorenz (Hrsg.), *Rechenstörungen bei Kindern. Neurowissenschaft, Psychologie, Pädagogik* (2. Aufl., S. 15–38). Göttingen: Vandenhoeck & Ruprecht.

Voßmeier, J. (2012). *Schriftliche Standortbestimmungen im Arithmetikunterricht. Eine Untersuchung am Beispiel inhaltsbezogener Kompetenzen.* Wiesbaden: Springer Spektrum.

Wartha, S., & Benz, C. (2015). Rechnen mit Übergängen. Über Rechenstrategien sprechen und Grundlagen sichern. *mathematik lehren, 32*(192), 8–13.

Wartha, S., & Schulz, A. (2011). *Aufbau von Grundvorstellungen (nicht nur) bei besonderen Schwierigkeiten im Rechnen.* Kiel: Sinus an Grundschulen.

Wartha, S., & Schulz, A. (2019). *Rechenproblemen vorbeugen* (6. Aufl.). Berlin: Cornelsen.

Wartha, S., Hörhold, J., Kaltenbach, M., & Schu, S. (2019). *Grundvorstellungen aufbauen Rechenprobleme überwinden. Zahlen, Addition und Subtraktion bis 100.* Braunschweig: Westermann.

Winter, H. (1995). Mathematikunterricht und Allgemeinbildung. (S. 37–46). Abgerufen von https://ojs.didaktik-der-mathematik.de

Wittmann, E. C., Müller, G. N., Nührenbörger, M., Schwarzkopf, R., Bischoff, M., Götze, D., . . . Stettler, K. (2018). *Das Zahlenbuch. Materialband 3* (1. Aufl.). Stuttgart: Ernst Klett Verlag.

Wittmann, E. C., & Müller, G. N. (1994). *Handbuch produktiver Rechenübungen. Band Vom Einspluseins zum Einmaleins* (2. Aufl.). Stuttgart und Düsseldorf: Ernst Klett.

Yin, R. K. (2003). *Case Study Research. Design and Methods* (3. Aufl.). Thousand Oaks: Sage Publications.

Printed in the United States
by Baker & Taylor Publisher Services